U0245655

C语言深度解剖

（第3版）

陈正冲 编著

石虎 审阅

北京航空航天大学出版社
BEIHANG UNIVERSITY PRESS

内 容 简 介

本书由作者结合自身多年嵌入式 C 语言开发经验和平时讲解 C 语言的心得体会整理而成,其中有很多作者独特的见解或看法。由于并不是从头到尾讲解 C 语言的基础知识,所以本书并不适用于 C 语言零基础的读者,其内容要比一般的 C 语言图书深得多、细致得多,其中有很多问题是各大公司的面试或笔试题。第 3 版中新增加了部分 C 语言知识点的内容。

本书适合广大计算机系学生、初级程序员参考学习,也适合计算机系教师、中高级程序员参考使用。

图书在版编目(CIP)数据

C 语言深度解剖 / 陈正冲编著. --3 版. --北京:
北京航空航天大学出版社,2019.6
ISBN 978 - 7 - 5124 - 3015 - 0

Ⅰ. ①C… Ⅱ. ①陈… Ⅲ. ①C 语言—程序设计 Ⅳ.
①TP312.8

中国版本图书馆 CIP 数据核字(2019)第 110609 号

C 语言深度解剖(第 3 版)
陈正冲 编著
石 虎 审阅
责任编辑 胡晓柏 张 楠
*
北京航空航天大学出版社出版发行
北京市海淀区学院路 37 号(邮编 100191) http://www.buaapress.com.cn
发行部电话:(010)82317024 传真:(010)82328026
读者信箱:emsbook@buaacm.com.cn 邮购电话:(010)82316936
涿州市新华印刷有限公司印装 各地书店经销
*
开本:710×1 000 1/16 印张:12.75 字数:257 千字
2019 年 9 月第 3 版 2019 年 9 月第 1 次印刷 印数:4 000 册
ISBN 978 - 7 - 5124 - 3015 - 0 定价:39.00 元

导　读

　　请先翻到本书的附录 1,按照要求测试一下自己的 C 语言基础。在没有任何提示的情况下,如果能得满分,那你可以扔掉本书了,因为你的水平已经大大超过了作者;如果能得 80 分以上,说明你的 C 语言基础还不错,学习本书可能会比较轻松;如果得分在 50 分以下,也不要气馁,努力学习就行了;如果不小心得了 10 分以下,那就得给自己敲敲警钟了;如果不幸得了 0 分,那实在是不应该,因为毕竟很多题是很简单的。

　　如果确定要阅读本书,我建议先仔细阅读前言,因为这里回答了你为什么需要本书,为什么 C 语言基础掌握得不太扎实,怎么样才能夯实自己的基础。

　　而后,建议你按本书的章节排列顺序阅读,因为很多时候前面的内容是后面内容的基础,如果前面内容掌握不扎实,会影响到后面内容的学习效果。

　　最后,作者认为本书的内容不是看一遍就能完全掌握的,一本好书一定值得多次阅读,而且每读一遍都会有不同的收获。作者本人也相信,你一定会爱上本书的。

　　知识的增长总是会有一个“把薄书读厚,把厚书读薄”的厚积薄发的过程。作者个人是这么理解这句话的:俗话说,写在纸上的都是垃圾。此话虽然偏激,但也有一定的道理。真正有用的知识很多时候是无法用文字完全表达和承载的,文字能表达的往往只是其中的一部分,甚至是很少的一部分。这就需要我们根据这些有限的文字去理解、挖掘作者所要表达的内容和思想,去揣摩文字的深层含义,并且根据这些基础去举一反三,扩展自己的知识,然后慢慢地把这些文字的营养吸收到自己的知识体系里,这样你所学到的知识就会远远超过原来书本那些文字所表达的内容了,这就是所谓的“把薄书读厚”,即“厚积”。当你读完一本书,并将书本的知识完全吸收消化之后,这些知识就已经完全融入到你自己的知识体系里面去了,并且得到了升华,而后,你需要将融合了自己思想和知识的这些内容的精华慢慢地提炼出来,并慢慢地形成自己独立的思想体系。这个提炼的过程其实就是一个“把厚书读薄”的过程,这个所谓的“厚书”就不仅仅是一本厚的写着文字的书了,而是包含了你自己思想的一部真正的厚书,这个提炼精华的过程也就是所谓的“薄发”,而后真正能影响到你的恰恰就是你自己提炼出来的这些精华。只要是学习,总需要经历这样的一个过程才能真正学到知识,一个真正懂得学习并且学到知识的人应该能明显地感觉到自己独立的思想体系正在慢慢形成,这才是学习的魅力所在。

最后,以王国维的《人生三境界》与大家共勉。

古今之成大事业、大学问者,必经过三种之境界:"昨夜西风凋碧树。独上高楼,望尽天涯路。"此第一境也。

"衣带渐宽终不悔,为伊消得人憔悴。"此第二境也。

"众里寻他千百度,蓦然回首,那人却在灯火阑珊处。"此第三境也。

此等语皆非大词人不能道。然遽以此意解释诸词,恐为晏欧诸公所不许也。

第 3 版前言

本书第 2 版出版到现在已有 7 年,7 年来我收到了很多读者的来信,也大概看了一下网上的一些评论。尤其是京东和当当网上读者购买本书后的评论给了我很多的启示(好评率都在 97% 以上),在此再次感谢读者们的厚爱。本书初稿其实是在 11 年前写的,也就是我本科毕业第 3 年的时候写的。那时候年轻气盛,不知天高地厚,说话写书的语气有点盛气凌人,锋芒毕露,也因此让部分读者觉得不太舒服,在此深表歉意。如果是现在再来写这本书,可能会更加平和一些。不过,"人不轻狂枉少年",既然轻狂过,那就留下这年轻的痕迹吧,因为我也的确没有时间去重写一遍了。北京航空航天大学出版社的胡主任已经无数次催促我修订第 3 版,因工作实在繁忙,很难静下心来再增加些内容。不过最近这些年,自己在成长的过程中收获了很多,也有很多的感悟。那我想第 3 版除了增加部分实际工作中容易出 bug 的知识点之外,在前言中就谈一些这方面的内容吧,也许能帮读者扫除些许迷雾,让读者未来的路更加清晰一些。这也许比增加一个 C 语言的知识点更加重要。

不少读者给我来信请教如何学习 C 语言或者如何成为一名优秀的程序员,也有很多读者不是学计算机相关专业的,但想从事软件开发,却不知道如何学习。其实是否科班出身并不重要,我现在团队里 90% 以上都不是计算机专业的,但是都干得很不错,尤其是很多数学、物理相关专业的小伙伴比计算机相关专业的小伙伴的技术基础更扎实。逻辑思维是成为优秀程序员的必要的基础之一,这也是为什么一些学数学、物理等专业的也可以成为优秀的程序员的原因。很多人以为掌握一门编程语言便可成为优秀的程序员,所以把精力都放在编程语言本身上,这便是坐井观天了。软件开发不仅仅是学一门语言就够的,编程语言只是工具,是承载软件设计思想的工具。更重要的是软件工程的方法论和其背后的思想,这才是真正需要长时间培养的。对于非科班的程序员朋友,如果想真正提高自身的基本功,建议学一下离散数学、数据结构,这对理解软件设计和逻辑思维训练很有帮助。如果有时间就把数学分析、高等代数等数学系的基本课程都学一遍,这比掌握一门编程语言更重要,这才是超越普通程序员的基础。永远不要舍本求末,否则你就会后劲不足,技术瓶颈很快就会到来。当然,真正理解一门编程语言是成为优秀程序员必不可少的,你需要理解语言的本质,其优点和缺陷，以及如何避免掉坑。试想一下如果让你来优化 C 语言，你会怎么去优化，或者让你来设计一门编程语言，你会怎么设计。如果悟不透这点，就远远谈不上精通一门语言，当然我也远远算不上精通 C。如果要精通 C，推荐读者读《The New C Standard》，1612 页，网上可找到电子版。这本书没有出版，因为读者群太少，出版社本计划出版的，后来取消了，作者就放到网上供人自由下载。我曾想过翻译这本书，但后来感觉自己水平不够，精力也不够，而且英语对于软件工程师来说就应该是母语，这本书的读者一般都是高手（没一定水平根本看不懂），而高手一般喜欢读原版。所以我就放弃了翻译这本书的想法。不过这本书非常值得一读，可以让你真正理解一门语言。

对于嵌入式开发来说，懂 C，懂一类芯片，懂一个 RTOS 就差不多可以算入门了。我说的懂是真正意义上的懂，比如你把我的书看 10 遍，确实搞懂了每一个问题，理解了我的每一个提问的思维方式，且能举一反三，那就算是基本懂 C了。以我面人无数的经验来看，中国的嵌入式程序员 90％以上谈不上懂 C。检验懂不懂的唯一标准就是能不能把不懂的人教懂。我们去理解一个知识点，往往会有这样的体会：第一阶段，感觉这个点比较简单，学了之后感觉懂了；第二阶段，发现原来懂的地方好像又不懂了，感觉一会儿懂一会儿又不懂，自己也不知道自己懂还是不懂；第三阶段，迷糊的点都不迷糊了，能给别人讲解清楚了。这三个阶段就是：看山是山、看水是水；看山不是山、看水不是水；看山还是山、看水还是水。也就是我在第 1 版提到的"把薄书读厚，把厚书读薄"的过程。没有经历这样的一个过程，往往说明没有真正理解一个知识点。不要轻易认为自己读懂了一本经典，反复的悟才是最重要的，经典不是用来读的，是用来悟的。把薄书读厚，把厚书读薄，悟出来并融入你的血液才算是你自己的。我附录所列的参考书目都值得读者认真读上 10 遍，经典的书每读一遍都会有不同的收获。

同时，人的发展要注意三个层次的自我培养：第一层次，知识和技能的培养，比如懂 C、懂 RTOS、懂芯片。第二层次，方法论和思维方式的培养，比如学离散数学、数据结构、数学分析、CMMI、软件设计和架构思想等。第三层次，价值观和职业素养的培养。我的价值观是 5 个字"诚，勤，敬，信，恒"，也是我给我团队传递的价值观。价值观是决定人的思想和行为以及团队氛围的主要因素。一个积极正面的价值观会引导你走向成功。所以，稍微解释一下我的价值观：

诚："诚者，物之终始，不诚无物"——《中庸》。

对人，我们要做到不欺人，不欺己，不欺心。对事，我们要做到虔诚，诚心实意的做好每一件事，不管有没有人监管都做到一样。这便是最重要，也最难做到的不欺骗自己的本心。

勤："人生在勤，不索何获"——张衡。"大直若屈，大巧若拙"——《老子》。

勤奋才是成功之根本。任何时候都不要想着随随便便就成功,偶然的成功如同撞树上的兔子,遇到了那是运气,而不能期望永远有兔子撞树上。知识是死的,人是活的,只要勤奋就没有搞不懂的知识。我们大多数人都是做基本工作,不是做爱因斯坦那样开天辟地的创造性工作。所以大多数人拼的是勤奋而不是智商。另一方面,即便是高智商,没有勤奋也将一事无成。

敬:"在貌为恭,在心为敬"——《礼记·曲礼》。

我们要做到敬人,敬己,敬业。尊敬你周围的每一个人,尊敬自己的人格和价值,尊敬所从事的事业,认真做好每一个细节。

信:"信,言合于意也"——《墨子》。

我们要做到信人,信己,立言,立信。要取得别人的信任,首先要信任别人。对自己要有信心,要有永不言输的勇气。行业的圈子往往很小,自己的口碑非常重要。要通过一件件的小事来树立自己的信誉和口碑。

恒:"人而无恒,不可以作巫医"——《论语·子路》。

曾国藩的《家训喻纪泽》里有一句话:"尔之短处,在言语欠钝讷,举止欠端重,看书不能深入,而作文不能峥嵘。若能从此三事上下一番苦工,进之以猛,持之以恒,不过一二年,自尔精进而不觉。"三天打鱼两天晒网是不行的,持之以恒,由量变到质变,才能让你更上一层楼。

还有一点要注意的是,不要把知识等同于能力。知识只有经过实践才能真正转化成能力,多啃硬骨头才能真正提升自己能力。程序员就要有那种迎难而上,永不服输的拼劲。有 100 分能力就要给自己 120 分担子,扛过去你的能力就长到 120 分了。人不扛重担是永远成长不起来的,古之成大事者,无不是在紧要关头扛起重担,成就了万世之功。

最后要重点强调的是,不要投机取巧。很多聪明的人成就反而一般,其根本原因就是太聪明了,做事总想着取巧,舍不得下苦功夫、笨功夫。殊不知,大直若屈,大巧若拙,舍得下苦功夫、笨功夫才是根本的成功之道。比如郭靖,比如曾国藩都是典型的例子。这个世界最可怕的就是比你聪明的人比你更努力,好在他们是你的朋友而非敌人。但我们总归要尽量做到见贤思齐。

陈正冲
2019 年 6 月 18 日

第 2 版前言

本书的电子版初稿到今天保守估计下载量已超过 20 万次。其中被一位网友转载在百度文库的某单个链接,下载量就达 15 万次,浏览量达 30 多万次,总评分在 4.5 分以上(由于前段时间百度侵权案,百度已删除绝大部分存在于百度文库的本书电子版链接)。至于其他链接或其他网站的下载量从数百到数万不等,对于本书的评价也基本在 4.5 分以上。在大量网友的支持下,在北京航空航天大学出版社嵌入式系统事业部主任胡晓柏先生的大力帮助下,本书于 2010 年7 月得以正式出版。近日收到胡编辑的 E-mail,告知首次印刷的书已快售罄,马上需要重印,问我是否有勘误或改版计划。经深思熟虑后,决定对本书进行修订。

从本书电子版初稿发布到 2010 年 7 月正式出版,得到了很多网友的帮助,收到了上万封读者来信或留言,帮我修正了很多错误。这些读者中有大学教授,有在读大学生和研究生,有企业工程师和管理人员,也有培训学校讲师,更有一些对编程感兴趣的初中生和高中生。这些读者的指教使我受益匪浅,也使我非常感动,但由于个人学识和能力所限,仍有部分错误或表述不严谨的地方给读者带来了些许困惑。在此,作者表示十分抱歉。于是,在这次的修订中,作者已尽最大努力修正读者所指出的错误,同时为了满足部分在企业工作的工程师的要求,新增加了部分编程规范的内容。即便如此,一些错误和不妥之处仍然在所难免,希望读者朋友不吝赐教。

对于读者的来信绝大部分都已认真回复,少部分来信由于作者本人工作实在太忙,可能没有及时回复,还请读者朋友海涵。同时,从来信中也发现了部分读者过于浮躁的心态。部分读者在并没有真正读懂本书内容的时候,或是没有读完本书的时候,就发 E-mail 或留言问我一些问题,而这些问题其实只要真正读懂了本书就能完全明白的,更何况部分内容在书中已给出了明确答案。也有些读者,缺乏主动思考问题和举一反三的意识,反复询问一些在读懂本书后本应该能理解的问题。遇到问题不是自己先尝试深入研究和解决,而是等待别人给予明确答案,这种心态非常不利于深入学习。如此种种,在作者看来都是由浮躁的心态所引起的。作者在本书中无数次强调,要踏实,多动手,多动脑,一步一个脚印。希望读者朋友引以为戒,有则改之,无则加勉。

另外,作者有必要再次强调一下:本书绝非读一次就能真正读懂的,对于平时编程经验不多的读者,我保证你读 10 遍本书,仍然有收获。曾经有位读者来信说到,他把电子版初稿认真读了 2 遍,自以为基本内容都掌握得挺好了,但是在买了出版后的图书后,做了一下附录 1 的测试题,只得了 30 多分,而这些题全部是本书中仔细讲解过的问题。所以作者一直在强调,不要浮躁,要踏实,而作者本人也曾经把参考文献里的绝大部分书读了 5 遍以上,部分书甚至读了不止 10 遍。作者本人的水平自然与这些经典书籍的作者有很大的差距,但还是试图融各家之长,加以作者自己的理解和特色的表述方式,把相对枯燥的内容讲得通俗易懂。这也是很多大学老师推荐学生朋友阅读本书的原因之一。当然,我也了解到很多大学老师、培训讲师甚至企业管理人员,已经将本书作为培训教材或参考书目。在此,能为国内的计算机教育有些许贡献,作者深感欣慰。

最后,再次感谢在本书编写过程中所有帮助过作者的家人、领导、同学、网友们,感谢石虎、李婷婷、尹伟红、唐彦邦、周文、熊军、李勇、楚艳秋、陈虎、于婧哲、曾纯、于勇、王继红等为本书所做的工作。

陈正冲

2012 年 5 月

第1版前言

我面试过很多人,包括应届本科、硕士和工作多年的程序员,在问到 C 语言相关问题的时候,总是没几个人能完全答上我的问题。甚至一些工作多年,简历上写着"最得意的语言是 C 语言""对 C 有很深的研究""精通 C 语言"的人也不完全能答对我的问题,更有甚者我问的问题一个都答不上。

我也给很多程序员和计算机系毕业的学生讲解过《高级 C 语言程序设计》。每期开课前,我总会问学生:你感觉 C 语言学得怎么样?难吗?指针明白吗?数组呢?内存管理呢?

往往学生回答说:感觉还可以,C 语言不难,指针很明白,数组很简单,内存管理也不难。

一般我会再问一个问题:通过这个班的学习,你想达到什么程度?

很多学生回答:精通 C 语言。

我告诉他们:我很无奈,也很无语,因为我完全在和一群业余者或者是 C 语言爱好者在对话。你们浪费了大学学习计算机的时间,念了几年大学,连 C 语言的门都没摸着。

现在大多数学校计算机系都开了 C、C++、Java、C#等语言,好像什么都学了,但是什么都不会,更可悲的是有些大学居然取消了 C 语言课程,认为其过时了。我个人的观点是"十鸟在林,不如一鸟在手",真正把 C 语言整明白了再学别的语言也很简单,如果 C 语言都没整明白,别的语言学得再好也是花架子,因为你并不了解底层是怎么回事。当然我也从来不认为一个没学过汇编的人能真正掌握 C 语言的真谛。

我个人一直认为,普通人用 C 语言在 3 年之下,一般来说,还没掌握 C 语言;5 年之下,一般来说还没熟悉 C 语言;10 年之下,谈不上精通。所以,我告诉我的学生:听完我的课,远达不到精通的目标,熟悉也达不到,掌握也达不到。

那能达到什么目标?——领你们进入 C 语言的大门。入门之后的造化如何在于你们自己。不过我可以告诉你们一条不是捷径的捷径:把一个键盘的

C语言深度解剖（第3版）

2

F10 或 F11 按坏(或别的单步调试快捷键)，当然不能是垃圾键盘。

往往讲到这里，学生眼里总是透露着疑虑:C语言有这么难吗？

我的回答是:学起来不难，但要真正用明白很难。

学生说:以前大学老师讲 C 语言，我学得很好。老师讲的都能听懂，考试也很好。平时练习感觉自己还不错，工作也很轻松找到了。

我告诉学生:听明白、看明白不代表你懂了，你懂了不代表你会用了，你会用了不代表你能用明白，你能用明白不代表你真正懂了! 什么时候表明你真正懂了呢？ 你站在我这来，把问题给下面的同学讲明白，学生都听明白了，说明你真正懂了;否则，你就没真正懂，这是检验懂与没懂的唯一标准。

冰山大家都没见过，但总听过或是电影里看过吧？ 如果你连《泰坦尼克号》都没看过，那你也算个人物(开个玩笑)。《泰坦尼克号》里的冰山给泰坦尼克造成了巨大的损失。你们都是理工科的，应该明白冰山在水面上的部分只是整个冰山的 1/10。我现在就告诉你们，C语言就是这座冰山。你们现在仅仅是摸到了水面上的部分，甚至根本不知道水面下的部分。我希望通过我的讲解，让你们摸到水面下的部分，让你们知道 C 语言到底是什么样子。

从现在开始，除非在特殊情况下，不允许用 printf 这个函数。为什么呢？ 很多学生写完代码，直接用 printf 打印出来，发现结果不对，然后就举手问我:老师，我的结果为什么不对啊？ 连调试的意识都没有! 大多数学生根本就不会调试，不会看变量的值、内存的值;只知道 printf 出来结果不对，却不知道为什么不对，怎么解决。这种情况还算好的。往往很多时候 printf 出来的结果是对的，然后呢，学生也理所当然地认为程序没有问题。是这样吗？ 往往不是，书中会有相应的举例进行说明。请读者牢记一点:结果对，并不代表程序真正没有问题。所以，以后尽量不要用 printf 函数，而要去看变量的值、内存的值。另外，在我们目前的编译器里，变量的值、内存的值对了就代表你的程序没问题吗？ 也不是，对于这一点，书中也会有相应的举例进行说明。

这个时候呢，学生往往会莫名其妙:大学里我们老师都教我们怎么用printf，告诉我们要经常用 printf，怎么这位老师的说法与大学中所学的的截然相反呢？ 我个人认为，这也恰恰是大学教育中存在的不足之处。很多大学老师缺乏真正使用 C 语言编程的实战经验，不调试代码，不按 F10 或 F11(或别的单步调试快捷键)，水平永远也无法提上来。所以，要想学好一门编程语言，最好的办法就是多调试。有兴趣的读者可以去一个软件公司转转，如果发现键盘上的F10 或 F11 铮亮铮亮，那么毫无疑问此机的主人曾经或现在是开发人员(这里仅指写代码的，不上升到架构设计类的开发人员)，否则，必是非开发人员。

非常有必要申明的是,本人并非什么学者或是专家,但本人是数学系毕业,所以对理论方面比较擅长。讲解的时候会举很多例子来尽量使学生明白这个知识点,至于这些例子是否恰当则是见仁见智的问题了。但是一条,长期的数学训练使得本人思维比较严谨,讲解一些知识点尤其是一些概念性、原理性的东西时会抠得很细、很严,这一点相信读者会体会得到的。本书是我平时讲解 C 语言的一些心得和经验,其中有很多我个人的见解或看法,经过多期培训班的实践,发现这样的讲解比较透彻,深受学员欢迎,也有业余班的学生甚至辞掉本职工作来听我的课。

当然,本书中关于 C 语言这么多经验和心得的积累并非我一人之力。借用一句名言:我只不过是站在巨人的肩膀上而已。给学生做培训的时候我试图融各家之长,加上我个人的见解传授给学生。我参考比较多的书有:Kernighan 和 Ritchie 的《The C Programming Language》;Linden 的《Expert C Programming》;Andrew 和 Koening《C Traps and Pitfalls》;Steve Maguire 的《Write Clean Code》;Steve McConnell 的《Code Complete. Second Edition》;林锐的《高质量程序设计指南——C++/C 语言》。这些书都是经典之作,但却都有着各自的不足之处。读者往往需要同时阅读这些书才能深刻地掌握某一知识点。这些书饱含着作者的智慧,每读一遍都有不同的收获,我希望读者能读上十遍。另外,在编写本书时也参考了网上一些无名高手的文章,这些高手的文章见解深刻,使我受益匪浅,在此深表感谢,如果不是他们,恐怕我的 C 语言水平也仅仅是入门而已。

学习 C 语言,上面提到的这几本书如果读者真正啃透了,水平不会差到哪儿。与其说本书是我授课的经验与心得,不如说本书是我对这些大师们智慧的解读。本书并不是从头到尾讲解 C 语言的基础知识,所以,本书并不适用于 C 语言零基础的人。本书的知识要比一般的 C 语言书所讲的深得多,其中有很多问题是各大公司的面试或笔试题,所以本书的读者应该是中国广大的计算机系的学生和初级程序员。如果对于书中的内容读者能真正明白 80%,作为一个应届毕业生,恐怕没有一家大公司会拒绝你。当然,书内很多知识也值得计算机系教师或是中高级程序员参考,尤其书内的一些例子或比方,如果能被广大教师用于课堂,我想对学生来说是件非常好的事情。

有人说电影是一门遗憾的艺术,因为在编辑完成之后总能或多或少地发现一些本来可以做得更好的缺陷。讲课同样也如此,每次讲完课之后总能发现自己某些地方或是没有讲到,或是没能讲透彻,或是忘了举一个轻浅的例子等。整理本书的过程也是如此,为了尽量精炼,总是犹豫一些东西的去留。

在编写本书的过程中得到了很多领导、同学、网友的帮助,感谢他们抽出宝贵的时间审阅本书初稿并提出各种宝贵的修改意见,是他们使本书变得更加完善;感谢我的家人,没有他们的鼓励与支持,没有他们对我生活上的细心照料,我也抽不出这么多时间来完成这本书。他们是：石虎、李婷婷、尹伟红、唐彦邦、周文、熊军、李勇、楚艳秋、陈虎、于婧哲、曾纯、于勇、王继红。最后要感谢北航出版社的各位工作人员，特别是嵌入式系统事业部主任胡晓柏先生，没有他的帮助，本书不能这么快地得以出版和发行。

限于作者水平，对于书中存在的遗漏甚至错误，希望各位读者能予以指教。有兴趣的朋友，可发送电子邮件到：dissection_c@163.com，与作者进一步交流；同时作者专门为本书开了个博客，以方便和读者交流，博客地址是：http://blog.csdn.net/dissection_c。

陈正冲

2010 年 3 月

目 录

第1章　关键字 ··· 1

1.1　最宽宏大量的关键字——auto ··· 3

1.2　最快的关键字——register ·· 3

　　1.2.1　皇帝身边的小太监——寄存器 ··· 3

　　1.2.2　使用 register 修饰符的注意点 ··· 4

1.3　最名不符实的关键字——static ·· 4

　　1.3.1　修饰变量 ··· 4

　　1.3.2　修饰函数 ··· 5

1.4　基本数据类型——short、int、long、char、float、double ········· 5

　　1.4.1　数据类型与"模子" ··· 6

　　1.4.2　变量的命名规则 ··· 6

1.5　最冤枉的关键字——sizeof ·· 12

　　1.5.1　常年被人误认为函数 ·· 12

　　1.5.2　sizeof(int) * p 表示什么意思 ·· 13

1.6　signed、unsigned 关键字 ··· 13

1.7　if、else 组合 ·· 17

　　1.7.1　bool 变量与"零值"进行比较 ··· 17

　　1.7.2　float 变量与"零值"进行比较 ··· 18

　　1.7.3　指针变量与"零值"进行比较 ··· 19

　　1.7.4　else 到底与哪个 if 配对呢 ··· 20

　　1.7.5　if 语句后面的分号 ··· 21

　　1.7.6　使用 if 语句的其他注意事项 ··· 22

1.8　switch、case 组合 ··· 23

　　1.8.1　不要拿青龙偃月刀去削苹果 ··· 23

1.8.2　case 关键字后面的值有什么要求吗 …………………………… 24

1.8.3　case 语句的排列顺序 ………………………………………… 25

1.8.4　使用 case 语句的其他注意事项 ……………………………… 26

1.9　do、while、for 关键字 ………………………………………………… 27

1.9.1　break 与 continue 的区别 …………………………………… 28

1.9.2　循环语句的注意点 ……………………………………………… 30

1.10　goto 关键字 ……………………………………………………………… 31

1.11　void 关键字 ……………………………………………………………… 32

1.11.1　void a …………………………………………………………… 32

1.11.2　void 修饰函数返回值和参数 ………………………………… 33

1.11.3　void 指针 ……………………………………………………… 34

1.11.4　void 不能代表一个真实的变量 ……………………………… 35

1.12　return 关键字 …………………………………………………………… 36

1.13　const 关键字也许该被替换为 readonly ……………………………… 36

1.13.1　const 修饰的只读变量 ……………………………………… 37

1.13.2　节省空间,避免不必要的内存分配,同时提高效率 ………… 37

1.13.3　修饰一般变量 ………………………………………………… 38

1.13.4　修饰数组 ……………………………………………………… 38

1.13.5　修饰指针 ……………………………………………………… 38

1.13.6　修饰函数的参数 ……………………………………………… 38

1.13.7　修饰函数的返回值 …………………………………………… 38

1.14　最易变的关键字——volatile ………………………………………… 39

1.15　最会带帽子的关键字——extern ……………………………………… 40

1.16　struct 关键字 …………………………………………………………… 41

1.16.1　空结构体多大 ………………………………………………… 41

1.16.2　柔性数组 ……………………………………………………… 42

1.16.3　struct 与 class 的区别 ……………………………………… 43

1.17　union 关键字 …………………………………………………………… 44

1.17.1　大小端模式对 union 类型数据的影响 ……………………… 44

1.17.2　如何用程序确认当前系统的存储模式 ……………………… 45

1.18　enum 关键字 …………………………………………………………… 49

1.18.1　枚举类型的使用方法 ………………………………………… 49

1.18.2　枚举与＃define 宏的区别 …………………………………… 51

1.19　伟大的缝纫师——typedef 关键字 …………………………………… 51

1.19.1　关于马甲的笑话 ……………………………………………… 51

1.19.2　历史的误会——也许应该是 typerename ………………… 51

　　1.19.3　typedef 与 ♯ define 的区别 ………………………… 53

　　1.19.4　♯ define a int[10] 与 typedef int a[10] …………… 53

第 2 章　符　号 …………………………………………………… 56

　2.1　注释符号 …………………………………………………… 57

　　2.1.1　几个似非而是的注释问题 ……………………………… 57

　　2.1.2　y = x/* p ……………………………………………… 58

　　2.1.3　怎样才能写出出色的注释 ……………………………… 58

　2.2　接续符和转义符 …………………………………………… 62

　2.3　单引号、双引号 …………………………………………… 63

　2.4　逻辑运算符 ………………………………………………… 63

　2.5　位运算符 …………………………………………………… 64

　　2.5.1　左移和右移 ……………………………………………… 66

　　2.5.2　0x01≪2+3 的值为多少 ……………………………… 66

　2.6　花括号 ……………………………………………………… 66

　2.7　++、—— 操作符 ………………………………………… 67

　　2.7.1　++i+++i+++i ……………………………………… 68

　　2.7.2　贪心法 …………………………………………………… 68

　2.8　2/(−2)的值是多少 ………………………………………… 69

　2.9　运算符的优先级 …………………………………………… 70

　　2.9.1　运算符的优先级表 ……………………………………… 70

　　2.9.2　一些容易出错的优先级问题 …………………………… 72

第 3 章　预处理 ……………………………………………………… 73

　3.1　宏定义 ……………………………………………………… 74

　　3.1.1　数值宏常量 ……………………………………………… 74

　　3.1.2　字符串宏常量 …………………………………………… 75

　　3.1.3　用 define 宏定义注释符号"?" ………………………… 75

　　3.1.4　用 define 宏定义表达式 ……………………………… 75

　　3.1.5　宏定义中的空格 ………………………………………… 78

　　3.1.6　♯ undef ………………………………………………… 79

　3.2　条件编译 …………………………………………………… 80

　3.3　文件包含 …………………………………………………… 82

　3.4　♯ error 预处理 …………………………………………… 82

　3.5　♯ line 预处理 ……………………………………………… 83

　3.6　♯ pragma 预处理 ………………………………………… 83

C
语
言
深
度
解
剖
（第3版）

3

3.6.1　#pragma message ················ 84

3.6.2　#pragma code_seg ··············· 84

3.6.3　#pragma once ·················· 84

3.6.4　#pragma hdrstop ················ 84

3.6.5　#pragma resource ··············· 85

3.6.6　#pragma warning ··············· 85

3.6.7　#pragma comment ·············· 86

3.6.8　#pragma pack ················· 86

3.7　"#"运算符 ······················· 90

3.8　"##"预算符 ······················ 91

第4章　指针和数组 ······················ 92

4.1　指　针 ·························· 92

4.1.1　指针的内存布局 ················· 92

4.1.2　"*"与防盗门的钥匙 ·············· 93

4.1.3　int *p=NULL 和 *p=NULL 有什么区别 ··· 94

4.1.4　如何将数值存储到指定的内存地址 ······ 95

4.1.5　编译器的 bug ·················· 95

4.1.6　如何达到手中无剑、胸中也无剑的境界 ··· 97

4.2　数　组 ·························· 97

4.2.1　数组的内存布局 ················· 97

4.2.2　省政府和市政府的区别——&a[0]和 &a 的区别 ·· 99

4.2.3　数组名 a 作为左值和右值的区别 ······ 99

4.3　指针和数组之间的恩恩怨怨 ············· 100

4.3.1　以指针的形式访问和以下标的形式访问 ··· 100

4.3.2　a 和 &a 的区别 ················· 101

4.3.3　指针和数组的定义与声明 ··········· 103

4.3.4　指针和数组的对比 ··············· 106

4.4　指针数组和数组指针 ················· 106

4.4.1　指针数组和数组指针的内存布局 ······· 106

4.4.2　int（*）[10] p2——也许应该这么定义数组指针 ·· 107

4.4.3　再论 a 和 &a 之间的区别 ··········· 108

4.4.4　地址的强制转换 ················· 109

4.5　多维数组和多级指针 ················· 111

4.5.1　二维数组 ···················· 111

4.5.2　二级指针 ···················· 114

4.6　数组参数和指针参数 ………………………………………………… 115

4.6.1　一维数组参数 …………………………………………… 115

4.6.2　一级指针参数 …………………………………………… 118

4.6.3　二维数组参数和二级指针参数 ………………………… 120

4.7　函数指针 ……………………………………………………………… 121

4.7.1　函数指针的定义 ………………………………………… 121

4.7.2　函数指针的使用 ………………………………………… 121

4.7.3　（＊（void（＊）（））0）（）——这是什么 ………………… 123

4.7.4　函数指针数组 ……………………………………………… 124

4.7.5　函数指针数组指针 ………………………………………… 125

第 5 章　内存管理………………………………………………………… 127

5.1　什么是野指针 ………………………………………………………… 127

5.2　栈、堆和静态区 ……………………………………………………… 128

5.3　常见的内存错误及对策 ……………………………………………… 128

5.3.1　指针没有指向一块合法的内存 ………………………… 128

5.3.2　为指针分配的内存太小 ………………………………… 130

5.3.3　内存分配成功,但并未初始化 ………………………… 130

5.3.4　内存越界 …………………………………………………… 131

5.3.5　内存泄漏 …………………………………………………… 132

5.3.6　内存已经被释放了,但是继续通过指针来使用 ……… 135

第 6 章　函　数………………………………………………………… 136

6.1　函数的由来与好处 …………………………………………………… 136

6.2　编码风格 ……………………………………………………………… 137

6.3　函数设计的一般原则和技巧 ………………………………………… 143

6.4　函数递归 ……………………………………………………………… 152

6.4.1　一个简单但易出错的递归例子 ………………………… 152

6.4.2　不使用任何变量编写 strlen 函数 ……………………… 153

第 7 章　文件结构………………………………………………………… 155

7.1　文件内容的一般规则 ………………………………………………… 155

7.2　文件名命名的规则 …………………………………………………… 160

7.3　文件目录的规则 ……………………………………………………… 160

C 语言深度解剖（第3版）

5

第 8 章 关于面试的秘密 ……………………………………………………… 161

8.1 外表形象 ………………………………………………………………… 161

8.1.1 学生就是学生,穿着符合自己身份就行了 ……………………… 161

8.1.2 不要一身异味,熏晕考官对你没好处 …………………………… 162

8.1.3 女生不要带 2 个以上耳环,不要涂指甲 ……………………… 162

8.2 内在表现 ………………………………………………………………… 163

8.2.1 谈吐要符合自己身份,切忌不懂装懂、满嘴胡咧咧 …………… 163

8.2.2 态度是一种习惯,习惯决定一切 ………………………………… 163

8.2.3 要学会尊敬别人和懂礼貌 ………………………………………… 165

8.3 如何写一份让考官眼前一亮的简历 …………………………………… 166

8.3.1 个人信息怎么写 …………………………………………………… 167

8.3.2 求职意向和个人的技能、获奖或荣誉情况怎么突出 …………… 168

8.3.3 成绩表是应届生必须要准备的 …………………………………… 170

附录 1 C 语言基础测试题 …………………………………………………… 171

附录 2 C 语言基础测试题答案 …………………………………………… 177

后 记 ………………………………………………………………………… 180

参考文献 …………………………………………………………………… 182

C语言深度解剖（第3版）

6

第 **1** 章

关键字

每次讲关键字之前,我总是问学生:C 语言有多少个关键字? sizeof 怎么用? 它是函数吗? 有些学生不知道 C 语言有多少个关键字;大多数学生告诉我 sizeof 是函数,因为它后面跟着一对括号。当我用投影仪把这 32 个关键字投到幕布上时,很多学生表情惊讶。有些关键字从来没见过,有的惊讶 C 语言关键字竟有 32 个之多。C 语言标准定义的 32 个关键字见表 1.1。

表 1.1　C 语言标准定义的 32 个关键字

关键字	意　　义
auto	声明自动变量,缺省时编译器一般默认为 auto
int	声明整型变量
double	声明双精度变量
long	声明长整型变量
char	声明字符型变量
float	声明浮点型变量
short	声明短整型变量
signed	声明有符号类型变量
unsigned	声明无符号类型变量
struct	声明结构体变量
union	声明联合数据类型
enum	声明枚举类型
static	声明静态变量
switch	用于开关语句
case	开关语句分支
default	开关语句中的"其他"分支
break	跳出当前循环
register	声明寄存器变量
const	声明只读变量

关键字	意　义
volatile	说明变量在程序执行中可被隐含地改变
typedef	用以给数据类型取别名(当然还有其他作用)
extern	声明变量是在其他文件中声明(也可以看作是引用变量)
return	子程序返回语句(可以带参数,也可以不带参数)
void	声明函数无返回值或无参数,声明空类型指针
continue	结束当前循环,开始下一轮循环
do	循环语句的循环体
while	循环语句的循环条件
if	条件语句
else	条件语句否定分支(与 if 连用)
for	一种循环语句(可意会不可言传)
goto	无条件跳转语句
sizeof	计算对象所占内存空间大小

下面的篇幅就来一一讲解这些关键字。但在讲解之前先明确两个概念:什么是定义?什么是声明?它们有何区别?

举个例子:

(A) int i;

(B) extern int i;(假设另一个源文件包含这句代码:int i;关于 extern,后面解释。)

哪个是定义?哪个是声明?或者都是定义或者都是声明?我所教过的学生几乎没有一人能回答上这个问题。这个十分重要的概念应在大学的基础教育中进行教授。

什么是定义:所谓的定义就是(编译器)创建一个对象,为这个对象分配一块内存并给它取上一个名字,这个名字就是我们经常所说的变量名或对象名。但注意,这个名字一旦和这块内存匹配起来(可以想象是这个名字嫁给了这块空间,没有要彩礼啊☺),它们就同生共死,终生不离不弃;并且这块内存的位置也不能被改变。一个变量或对象在一定的区域内(比如函数内、全局等)只能被定义一次;如果定义多次,编译器会提示用户重复定义了同一个变量或对象。

什么是声明:有两重含义。

第 1 重含义:告诉编译器,这个名字已经匹配到一块内存上了("伊人已嫁,吾将何去何从?何以解忧,唯有稀粥"),下面的代码用到变量或对象是在别的地方定义的。声明可以出现多次。

第 2 重含义：告诉编译器，这个名字已被预定了，别的地方再也不能用它来作为变量名或对象名。比如，如果图书馆自习室的某个座位上被放了一本书，就表明这个座位已经有人预订，别人再也不允许使用这个座位，其实这个时候占座位的本人并没有坐在该座位上。这种声明最典型的例子就是函数参数的声明，例如：

```
void fun(int   i, char   c);
```

好，这样一解释，我们可以很清楚地判断上述举例中：（A）是定义；（B）是声明。

记住，定义和声明最重要的区别：定义创建了对象并为这个对象分配了内存，声明没有分配内存（"一个抱伊人，一个喝稀粥" 😊）。

1.1　最宽宏大量的关键字——auto

auto：在缺省情况下，编译器默认所有变量都是 auto 的。"它很宽宏大量的，读者就当它不存在吧"！

1.2　最快的关键字——register

register：这个关键字请求编译器尽可能地将变量存在 CPU 内部寄存器中，而不是通过内存寻址访问以提高效率。注意是尽可能，不是绝对。可以想象，一个 CPU 的寄存器数量有限，也就那么几个或几十个，如果用户定义了很多很多 register 变量，那么即便把 CPU"累死"也不可能全部把这些变量放入寄存器，可能轮也轮不到你。

1.2.1　皇帝身边的小太监——寄存器

不知道什么是寄存器？那见过太监没有？其实我也没有，不过没见过不要紧，见过就麻烦大了。😊，大家都看过古装戏，当皇帝要阅读奏章的时候，大臣总是先将奏章交给皇帝旁边的小太监，小太监呢再交给皇帝处理。这个小太监只是个中转站，并无别的功能。

好，我们结合上面的类比来联想我们的 CPU：我们的皇帝同志就相当于 CPU；大臣就相当于内存，数据从他这拿出来；小太监就是我们的寄存器了（这里先不考虑 CPU 的高速缓存区）。数据从内存里拿出来先放到寄存器，然后 CPU 再从寄存器里读取数据来处理，处理完后同样把数据通过寄存器存放到内存里，CPU 不直接和内存打交道。这里要说明的一点是：小太监是主动地从大臣手里接过奏章，然后主动地交给皇帝同志；但寄存器没这么自觉，它从不主动干什么事。一个皇帝可能有好多小太监，同样的一个 CPU 也可以有很多寄存器,不同型号的 CPU 拥有寄存器的数量不一样。

为啥要这么麻烦啊?速度!就是因为速度。寄存器其实就是一块一块小的存储空间,只不过其存取速度要比内存快得多。近水楼台先得月嘛,它离 CPU 很近,CPU 一伸手就拿到数据了,比在那么大的一块内存里去寻找某个地址上的数据是不是快多了?那有人问:既然它速度那么快,那我们的内存硬盘都改成寄存器得了呗。我要说的是:你真有钱!

1.2.2 使用 register 修饰符的注意点

虽然寄存器的速度非常快,但是使用 register 修饰符也有些限制的:register 变量必须是能被 CPU 寄存器所接受的类型。这意味着 register 变量必须是一个单个的值,并且其长度应小于或等于整型的长度,而且 register 变量可能不存放在内存中,所以不能用取址运算符"&"来获取 register 变量的地址。

1.3 最名不符实的关键字——static

不要从字面意思误以为关键字 static 很安静,其实它一点也不安静。这个关键字在 C 语言里主要有两个作用,C++对它进行了扩展。下面就来介绍一下 C 语言中关键字 static 的两个作用。

1.3.1 修饰变量

第 1 个作用:修饰变量。变量又分为局部变量和全局变量,但它们都存在内存的静态区。

静态全局变量,作用域仅限于变量被定义的文件中,其他文件即使用 extern 声明也没法使用它。准确的说:作用域是从定义之处开始,到文件结尾处结束,在定义之处前面的那些代码行也不能使用它,想要使用就得在前面再加 extern * * *。恶心吧?要想不恶心,很简单,直接在文件顶端定义不就得了。

静态局部变量,在函数体里面定义的,就只能在这个函数里用了,同一个文档中的其他函数也用不了。由于被 static 修饰的变量总是存在内存的静态区,所以即使这个函数运行结束,这个静态变量的值也不会被销毁,函数下次使用时仍然能用到这个值。

看下面这段代码:

```
static int  j;
void fun1(void)
{
```

```
        static int i= 0;
        i ++ ;
}
void fun2(void)
{
        j= 0;
        j++ ;
}
int main()
{
        int   k = 0;
        for(k = 0; k<10; k ++ )
        {
            fun1();
            fun2();
        }
        return 0;
}
```

请读者考虑：i 和 j 的值分别是什么，为什么？

1.3.2 修饰函数

第 2 个作用：修饰函数。函数前加 static 使得函数成为静态函数。但此处"static"的含义不是指存储方式，而是指对函数的作用域仅局限于本文件（所以又称内部函数）。使用内部函数的好处是：不同的人编写不同的函数时，不用担心自己定义的函数是否会与其他文件中的函数同名。

关键字 static 有着不寻常的历史。起初，在 C 中引入关键字 static 是为了表示退出一个块后仍然存在的局部变量。随后，static 在 C 中有了第 2 种含义：用来表示不能被其他文件访问的全局变量和函数。为了避免引入新的关键字，所以仍使用 static 关键字来表示这第 2 种含义。

当然，C＋＋里对 static 赋予了第 3 个作用，这里先不讨论，有兴趣的可以找相关资料研究。

1.4 基本数据类型——short、int、long、char、float、double

C 语言包含的数据类型如图 1.1 所示。

C语言深度解剖（第3版）

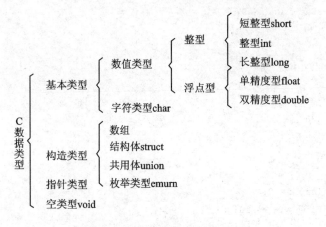

图 1.1　C 语言包含的数据类型

1.4.1　数据类型与"模子"

short、int、long、char、float、double 这 6 个关键字代表 C 语言里的 6 种基本数据类型。应该怎么去理解它们呢？举个例子：见过藕煤球的那个东西吧？（没见过？煤球总见过吧。）那个东西叫藕煤器，拿着它在和好的煤堆里这么一"咔"，一个煤球出来了。半径 12 cm，12 个孔。不同型号的藕煤器"咔"出来的煤球大小不一样，孔数也不一样。其实这个藕煤器就是个模子。

现在我们联想一下：short、int、long、char、float、double 这 6 个东东是不是很像不同类型的藕煤器啊？拿着它们在内存上"咔咔咔"，不同大小的内存就分配好了，当然别忘了给它们取个好听的名字。在 32 位的系统上，short"咔"出来的内存大小是 2 字节；int"咔"出来的内存大小是 4 字节；long"咔"出来的内存大小是 4 字节；float"咔"出来的内存大小是 4 字节；double"咔"出来的内存大小是 8 字节；char"咔"出来的内存大小是 1 字节。注意这里指一般情况，可能不同的平台还会有所不同，具体平台可以用 sizeof 关键字测试一下。

很简单吧，"咔咔咔"很爽吧！是很简单，也确实很爽，但问题就是"咔"出来这么多内存块，总不能给它取名字叫作 x1，x2，x3，x4，x5…或者长江 1 号、长江 2 号…。它们长得这么像（不是你家的老大，老二，老三…），过一阵子你就会忘了到底哪个名字和哪个内存块匹配了（到底谁嫁给谁了啊？☺），所以呢，给它们取一个好的名字绝对重要。下面我们就来研究研究取什么样的名字好。

1.4.2　变量的命名规则

(1) 一般规则

【规则 1 - 1】命名应当直观且可以拼读，可望文知意，便于记忆和阅读。

标识符最好采用英文单词或其组合，不允许使用拼音。程序中的英文单词一般不要太复杂,用词应当准确。

【规则 1-2】命名的长度应当符合"min-length && max-information"原则。

C 是一种简捷的语言,命名也应该是简捷的。例如变量名 MaxVal 就比 MaxValueUntilOverflow 好用。标识符的长度一般不要过长,较长的单词可通过去掉"元音"形成缩写。

另外,英文词尽量不缩写,特别是非常用专业名词;如果有缩写,在同一系统中对同一单词必须使用相同的表示法,并且注明其意思。

【规则 1-3】当标识符由多个词组成时,每个词的第 1 个字母大写,其余全部小写,比如:

```
int  CurrentVal;
```

这样的名字看起来比较清晰,远比一长串字符好得多。

【规则 1-4】尽量避免名字中出现数字编号,如 Value1、Value2 等,除非逻辑上的确需要编号,比如驱动开发时为引脚命名,非编号名字反而不好。

初学者总是喜欢用带编号的变量名或函数名,这样子看上去很简单方便,但其实这样的命名形式无疑是一颗颗定时炸弹。这个习惯初学者一定要改过来。

【规则 1-5】对在多个文件之间共同使用的全局变量或函数要加范围限定符(建议使用模块名(缩写)作为范围限定符),比如 GUI_等。

(2) 标识符的命名规则

【规则 1-6】标识符名分为两部分:规范标识符前缀(后缀)＋含义标识。非全局变量可以不使用范围限定符前缀。标识符名的组成如图 1.2 所示。

图 1.2　标识符名的组成

【规则 1-7】作用域前缀命名规则见表 1.2。

表 1.2　作用域前缀命名规则

序　号	标识符类型	作用域前缀
1	Global Variable	g
2	File Static Variable(native)	n
3	Function Static Variable	f
4	Auto Variable	a
5	Global Function	g
6	Static Function	n

【规则 1-8】数据类型前缀命名规则见表 1.3。

表 1.3　数据类型前缀命名规则

序　号	前　缀	后　缀	数据类型	示　例	说　明
1	bt		bit	Bit btVariable;	
2	b		boolean	boolean bVariable;	
3	c		char	char cVariable;	
4	i		int	int iVariable;	
5	s		short[int]	short[int] sVariable;	
6	l		long[int]	long[int] lVariable;	
7	u		unsigned[int]	unsigned[int] uiVariable;	
8	d		double	double dVariable;	
9	f		float	float fVariable;	
10	p		pointer	void * vpVariable;	指针前缀
11	v		void	void vVariable;	
13	st		enum	enum A stVariable;	
14	st		struct	struct A stVariable;	
15	st		union	union A stVariable;	
16	fp		function point	void(* fpGetModeFuncList_a[])(void)	
17		_a	array of	char cVariable_a[TABLE_MAX];	
18		_st _pst	typedef enum/struct/ union	typedef structSM_EventOpt { unsigned char unsigned int char }SM_EventOpt_st, * SM_EventOpt_pst;	当自定义结构数据类型时使用_st 后缀；当自定义结构数据类型为指针类型时使用_pst 后缀

【规则 1-9】含义标识命名规则，变量命名使用名词性词组，函数命名使用动词性词组，见表 1.4。

表 1.4　含义标识命名规则

序　号	变量名	目标词	动词(过去分词)	状　语	目的地	含　义
1	DataGotFromSD	Data	Got	From	SD	从 SD 中取得的数据

序　号	变量名	目标词	动词(过去分词)	状　语	目的地	含　义
2	DataDeletedFromSD	Data	Deleted	From	SD	从 SD 中删除的数据

变量含义标识符构成：目标词 ＋动词(过去分词)＋［状语］＋［目的地］，
见表 1.5。

表 1.5　变量含义标识符构成

序　号	变量名	动词(一般现在时)	目标词	状　语	目的地	含　义
1	GetDataFromSD	Get	Data	From	SD	从 SD 中取得数据
2	DeleteDataFromSD	Delete	Data	From	SD	从 SD 中删除数据

函数含义标识符构成：动词(一般现在时)＋目标词＋［状语］＋［目的地］。

【规则 1－10】程序中不得出现仅靠大小写区分的相似的标识符。

例如：

int x, X；——变量 x 与 X 容易混淆

void foo(int x)；—— 函数 foo 与 FOO 容易混淆

void FOO(float x)；

这里还有一个要特别注意的就是 1(数字 1)和 l(小写字母 l),0(数字 0)和 o(小写字母 o)之间的区别。这两对真是很难区分的,我曾经的一个同事就被这个问题折腾了一次。

【规则 1－11】一个函数名禁止被用于其他之处。

例如：

```
# include "c_standards.h"
void foo(int p_1)
{
    int x = p_1;
}
void static_p(void)
{
    int foo = 1u;
}
```

【规则 1－12】所有宏定义、枚举常数、只读变量全用大写字母命名,用下划

线分割单词。

例如：

```
const int MAX_LENGTH = 100;        //这不是常量,而是一个只读变量,具体请往后看
#define FILE_PATH "/usr/tmp"
```

【规则 1 - 13】考虑到习惯性问题,局部变量中可采用通用的命名方式,但仅限于 n、i、j 等作为循环变量使用。

注意,一定不要写出如下这样的代码：

```
int    p;
char   i;
int    c;
char   * a;
```

一般来说习惯上用 n、m、i、j、k 等表示 int 类型的变量；c、ch 等表示字符类型变量；a 等表示数组；p 等表示指针。当然这仅仅是一般习惯,除了 i、j、k 等可以用来表示循环变量外,别的字符变量名尽量不要使用。

【建议 1 - 14】结构体被定义时必须有明确的结构体名。

如以下定义的结构体就没有结构体名("SM_EVENTOPT"并非结构体名),这不利于代码的维护和扩展：

```
typedef struct
{
    unsigned char ucDestModID;
    unsigned int  uiOutEvent;
    char          cEventOpt_a[3];
}SM_EVENTOPT;
```

标准结构体定义形式如下：

```
typedef struct SM_EVENTOPT
{
    unsigned char ucDestModID;
    unsigned int  uiOutEvent;
    char          cEventOpt_a[3];
}SM_EVENTOPT_ST, * SM_EVENTOPT_PST;
```

另外,所有结构和联合的类型在转换单元的结尾应该是完整的。

结构或联合的完整声明应该包含在任何涉及结构的转换单元之内,详见 ISO 9899:1990[2]中 6.1.2.5 小节中有关不完整类型的描述。

```
struct tnode * pt;                 // tnode 是不完整的
struct tnode
{
```

```
    int count;
    struct tnode * left;
    struct tnode * right;
};                              // tnode 是完整的
```

【规则 1 - 15】 定义变量的同时千万千万别忘了初始化。定义变量时编译器并不一定清空了这块内存,它的值可能是无效的数据。

这个问题在内存管理那章(第 5 章)有非常详细的讨论,请参看。

【规则 1 - 16】 不同类型数据之间的运算要注意精度扩展问题,一般低精度数据将向高精度数据扩展。

当运算表达式操作数的类型和将要赋值的目标变量类型不一致时,操作数需要先强制转换为目标变量数据类型。

原因:表达式的运算结果的类型根据操作数的类型决定,将要赋值的目标变量类型在编译时不会被考虑。因此,当操作数类型和将要赋值的目标变量类型不一致时,需要先将操作数强制转换为所期望的数据类型。

符合规范的例子:

```
int i1, i2;
long l;
double d;
void func()
{
    d = (double)i1 / (double)i2; /* floating - point devision */
    l = ((long)i1) << i2; /* Shift using long */
}
```

不符合规范的例子:

```
int i1, i2;
long l;
double d;
void func()
{
    d = i1 / i2; /* integer division */
    l = i1 << i2; /* Shift usingint */
}
```

【规则 1 - 17】 禁止使用八进制的常数(0 除外,因为严格意义上来讲 0 也是八进制数)和八进制的转义字符。

在计算机中,任何以 0 开头的数字都被认为是八进制格式的数(当然十六进制的 0x 不算)。所以,当我们写固定长度的数字时,会存在一定的风险。举例如下:

```
code[1] = 109;        //对应十进制的 109
code[2] = 100;        //对应十进制的 100
code[3] = 052;        //对应十进制的 42,因为 052 是以 0 开头,以八进制形式存储
code[4] = 071;        //对应十进制的 57,理由同上
```

在转义字符中后面跟八进制数,用于表示 ASCII 码等于该值的字符,使用时也可能会出现意想不到的错误,举例如下:

```
code[5] = '\109';      //implementation-defined,可能代表两个字符,'\10'后面
                       //的 9 因为超出了八进制的表示范围,被看作字符"9"
//如果 code[ ]类型为 char,code[5] = 57(即字符 9 的 ASCII 码值)
//如果 code[ ]类型为 int,code[5] = 0x0839(即高位'\10' = 8,低位"9" = 57),
//本数值为在 PC 中的表现,在小端模式的 MCU 中可能是相反的情况
code[6] = '\100';    //implementation-defined,在计算机中存储的数值可能为 64
```

1.5　最冤枉的关键字——sizeof

1.5.1　常年被人误认为函数

sizeof 是关键字不是函数,其实就算不知道它是否为 32 个关键字之一,我们也可以借助编译器确定它的身份。看下面的例子:

```
int i = 0;
(A) sizeof(int); (B) sizeof(i); (C) sizeof  int; (D) sizeof  i;
```

毫无疑问,32 位系统下(A)和(B)的值为 4,那(C)的值呢?(D)的值呢?

在 32 位系统下,通过 Visual C++6.0 或任意编译器调试,我们发现(D)的结果也为 4。咦?sizeof 后面的括号呢?没有括号居然也行,那想想,函数名后面没有括号行吗?由此轻易得出 sizeof 绝非函数。

好,再看(C)。编译器怎么提示出错呢?不是说 sizeof 是个关键字、其后面的括号可以没有么?那你想想 sizeof int 表示什么啊?int 前面加一个关键字?类型扩展?明显不正确,我们可以在 int 前加 unsigned、const 等关键字,但不能加 sizeof。

记住:sizeof 在计算变量所占空间大小时,括号可以省略,而计算类型(模子)大小时不能省略。且一般情况下,sizeof 是在编译时求值,所以 sizeof(i++)不会引起副作用。但由于 sizeof(i++)与 sizof(i)的结果一样,所以没有必要且不允许写这样的代码。同样,"sizeof(i=1234);"这样的代码也不允许,因为 i 的值仍为 0,并没有被赋值为 1234。

sizeof 操作符里面不要有其他运算,否则不会达到预期的目的。

在 C99 中,计算柔性数组所占空间大小时,sizeof 是在运行时求值,此为特例。

一般情况下,咱也别偷这个懒,乖乖地写上括号,继续装作一个"函数",做一个"披着函数皮的关键字"。做我的关键字,让人家认为是函数去吧。

sizeof 操作符不能用于有副作用(side effect)的表达式中。

原因:sizeof 是关键字,在编译的时候计算对象的大小。在 C90 标准中,如下例子中的 i 的值是不会变化的,但在 C99 中 i 值是会变化的(数组中的 i++)。

符合规范的例子:

```
x = sizeof(i);
i++ ;
y = sizeof(int[i]);
i++ ;
```

不符合规范的例子:

```
x = sizeof(i++);
y = sizeof(int[i++]);
```

1.5.2 sizeof(int) * p 表示什么意思

sizeof(int) * p 表示什么意思?

留几个问题(指针和数组那章(第 4 章)会详细讲解),32 位系统下:

```
int * p = NULL;
sizeof(p)的值是多少?
sizeof( * p)呢?
int a[100];
sizeof (a)的值是多少?
sizeof(a[100])呢?        //请尤其注意本例
sizeof(&a)呢?
sizeof(&a[0])呢?


int b[100];
void fun(int b[100])
{
    sizeof(b);        // sizeof (b)的值是多少?
}
```

1.6 signed、unsigned 关键字

我们知道计算机底层只认识 0、1,所以任何数据到了底层都会通过计算转换成 0、1,那负数怎么存储呢?肯定这个"-"号是无法存入内存的,怎么办? 很好办,做个标记。把基本数据类型的最高位腾出来,用来存符号,同时约定如下:

最高位如果是 1,表明这个数是负数,其值为除最高位以外的剩余位的值添上这个"一"号;如果最高位是 0,表明这个数是正数,其值为除最高位以外的剩余位的值。

这样的话,一个 32 位的 signed int 类型整数,其值表示的范围为:$-2^{31}\sim$ $(2^{31}-1)$;8 位的 char 类型数,其值表示的范围为:$-2^7\sim(2^7-1)$。一个 32 位的 unsigned int 类型整数,其值表示的范围为:$0\sim(2^{32}-1)$;8 位的 unsigned char 类型数,其值表示的范围为:$0\sim(2^8-1)$。需要说明的是,signed 关键字也很宽宏大量,你也可以完全当它不存在,缺省情况下,编译器默认数据为 signed 类型(char 类型数据除外)。

上面的解释很容易理解,下面就考虑一下这个问题:

```
int main()
{
    signed char a[1000];
    int i;
    for(i = 0; i<1000; i++)
    {
        a[i] = -1 - i;
    }
    printf(" % d",strlen(a));
    return 0;
}
```

此题看上去真的很简单,但是却鲜有人答对。答案是 255。别惊讶,我们先分析分析。

for 循环内,当 i 的值为 0 时,a[0]的值为一1。关键就是一1 在内存里面如何存储。

我们知道在计算机系统中,数值一律用补码来表示(存储)。主要原因是,使用补码可以将符号位和其他位统一处理;同时,减法也可按加法来处理。另外,两个用补码表示的数相加时,如果最高位(符号位)有进位,则进位被舍弃。正数的补码与其原码一致;负数的补码:符号位为 1,其余位为该数绝对值的原码按位取反,然后整个数加 1。

按照负数补码的规则,可以知道一1 的补码为 0xff,一2 的补码为 0xfe……当 i 的值为 127 时,a[127]的值为一128,而一128 是 char 类型数据能表示的最小的负数。当 i 继续增加,a[128]的值肯定不能是一129。因为这时候发生了溢出,一129 需要 9 位才能存储下来,而 char 类型数据只有 8 位,所以最高位被丢弃。剩下的 8 位是原来 9 位补码的低 8 位的值,即 0x7f。当 i 继续增加到 255 的时候,一256 的补码的低 8 位为 0;然后当 i 增加到 256 时,一257 的补码的低 8 位全为 1,即低 8 位的补码为 0xff,如此又开始一轮新的循环……

　　按照上面的分析,a[0]~a[254]里面的值都不为 0,而 a[255]的值为 0。strlen 函数是计算字符串长度的,并不包含字符串最后的'\0'。判断一个字符串是否结束的标志就是看是否遇到'\0';如果遇到'\0',则认为本字符串结束。

　　分析到这里,strlen(a)的值为 255 应该完全能理解了。这个问题的关键就是要明白 signed char 类型表示的值的范围为[-128,127],超出这个范围的值会产生溢出;另外还要清楚的就是负数的补码怎么表示。弄明白了这两点,这个问题其实就很简单了。

　　【规则 1-18】单纯的 char 类型应该只用于字符值的存储和使用;有符号和无符号的"char"型变量只能用于数值的存储和使用。

　　char 有三种不同的类型:单纯 char、signed char 及 unsigned char。signed char 和 unsigned char 类型是用来声明数值的;单纯 char 类型是真正的字符类型,是用来声明字符的。单纯 char 类型由编译环境决定,不能依赖。对于单纯 char 类型,唯一允许的操作是赋值和相同运算符(=,==,!=)。

　　signed char 范围:-128~127;

　　unsigned char 范围:0~255。

　　为了程序清晰可读,不要把 char 和 unsigned char 混用,一个定义了字符类型,一个定义了数值类型。

　　一些通用的对字符的处理函数是以 char 类型为参数的。如果用 signed char 和 unsigned char 来储存字符的话,会产生编译警告,要去掉这些警告只能加强制类型转换。这条规则可以避免过多的强制类型转换。

　　当算术运算或比较表达式的操作数同时有无符号数和有符号数类型,需要显示地将数据类型强制转换成所期望的类型。

　　原因:比如比较、乘法、除法等运算结果取决于操作数的类型是 singed 还是 unsinged。因此,如果运算表达式包含有符号和无符号操作数,需要显示地将数据类型强制转换成所期望的类型。注意:除非必要,操作数尽量使用相同的数据类型。

　　符合规范的例子:

```
long l;
unsigned int ui;
void func()
{
    l = l / (long)ui;
    或者
    l = (unsignedint)l / ui;
    if (l < (long)ui)
    {
    或者
```

```
        if ((unsigned int)l < ui)
        {
            ...
        }
    }
```

不符合规范的例子：

```
long l;
unsigned int ui;
void func()
{
    l = l /ui;
    if (l < ui)
    {
        ...
    }
}
```

一元负号运算(－)运算不能使用在 unsigned 表达式内。

原因：如果'－'运算使用在 unsigned 表达式内且其运算结果超出原来的 unsigned 类型，其结果不可预知。比如，如下不符合规范的例子中 if(－ui ＜ 0) 将不一定是 true。

符合规范的例子：

```
int i;
void func()
{
    i = - i;
}
```

不符合规范的例子：

```
unsigned int ui;
void func()
{
    ui = - ui;
}
```

【规则 1－19】所有无符号型常量都应该带有字母 U 后缀。

整型常量是容易引起混淆的潜在来源，因为它依赖于许多复杂的因素。

例如，整型常量"40000"在 32 位环境中是 int 类型，但在 16 位环境中则是 long 型变量。"0x8000"在 16 位环境中是 signed int 类型，但在 32 位环境中则是 unsigned 类型变量。

留 3 个问题：

① 按照我们上面的解释，那 −0 和 +0 在内存里面分别怎么存储？

②
```
int i = -20;
unsigned  j = 10;
```

i+j 的值为多少？为什么？

③ 下面的代码有什么问题？

```
unsigned i;
for(i=9;i>=0;i--)
{
    printf(" %u\n",i);
}
```

1.7　if、else 组合

if 语句很简单吧，那我们就简单地看下面几个简单的问题。

1.7.1　bool 变量与"零值"进行比较

bool 变量与"零值"进行比较的 if 语句怎么写？

```
bool  bTestFlag = FALSE;
```

想想为什么一般初始化为 FALSE 比较好？

```
(A) if(bTestFlag == 0);       if(bTestFlag == 1);
(B) if(bTestFlag == TRUE);    if(bTestFlag == FALSE);
(C) if(bTestFlag);            if(!bTestFlag);
```

哪一组或是哪些组正确呢？我们来分析分析。

(A)写法：bTestFlag 是什么？整型变量？要不是这个名字遵照了前面的命名规范，恐怕很容易让人误会成整型变量，所以这种写法不好。

(B)写法：FLASE 的值大家都知道，在编译器里被定义为 0；但 TRUE 的值呢，都是 1 吗？很不幸，不都是 1。Visual C++ 定义为 1，而它的同胞兄弟 Visual Basic 就把 TRUE 定义为 −1。那很显然，这种写法也不好。

(C)写法：大家都知道 if 语句是靠其后面括号里的表达式的值来进行分支跳转。表达式如果为真，则执行 if 语句后面紧跟的代码；否则不执行。那显然，这组的写法很好，既不会引起误会，也不会由于 TRUE 或 FALSE 的不同定义值而出错。记住：以后写代码就得这样写。

因为 C 语言中，true 可以是任何非零的值，不一定是 1，因此检测一个表达式的值为 true 或 false，不能直接用表达式与 true 做比较。

符合规范的例子：

```
/* func1 may return a value other than 0 and 1 */
void func2()
{
    if (func1() != FALSE)
    {
        ...
    }
}
```

或者：

```
    if (func1())
    {
        ...
    }
}
```

不符合规范的例子：

```
#define TRUE 1
/* func1 may return a value other than 0 and 1 */
void func2()
{
    if (func1() == TRUE)
    {
        ...
    }
}
```

1.7.2　float 变量与"零值"进行比较

float 变量与"零值"进行比较的 if 语句怎么写？

```
float fTestVal = 0.0;
(A) if(fTestVal == 0.0);      if(fTestVal != 0.0);
(B) if((fTestVal >= -EPSINON) && (fTestVal <= EPSINON)); //EPSINON 为定义好的精度
```

哪一组或是那些组正确呢？我们来分析分析。

float 和 double 类型的数据都是有精度限制的，这样直接拿来与 0.0 比，能正确吗？明显不能，看例子：π 的值四舍五入精确到小数点后 10 位为 3.141 592 653 6，你拿它减去 0.000 000 000 01，然后再四舍五入得到的结果是多少？你能说前后两个值一样吗？

EPSINON 为定义好的精度，如果一个数落在 [0.0 − EPSINON，0.0 −

EPSINON]这个闭区间内,我们认为在某个精度内它的值与零值相等;否则不相等。扩展一下,把 0.0 替换为你想比较的任何一个浮点数,那我们就可以比较任意两个浮点数的大小了,当然是在某个精度内。

同样的,也不要在很大的浮点数和很小的浮点数之间进行运算,比如:

10 000 000 000.00 + 0.000 000 000 01

这样计算后的结果可能会让你大吃一惊。

【规则 1-20】使用浮点数应遵循已定义好的浮点数标准。

在表示浮点数的各个字节中,究竟用多少位表示小数部分,多少位表示指数部分,标准 C 中无具体定义。

ANSI/IEEE 标准的基本规定如下所述:

① 两种基本浮点格式:单精度和双精度。

② 两种扩展浮点格式:单精度扩展和双精度扩展。

③ 浮点运算的准确度要求:加、减、乘、除、平方根、余数、将浮点格式的数舍入为整数值、在不同浮点格式之间转换、在浮点和整数格式之间转换以及比较。

④ 在十进制字符串和两种基本浮点格式之一的二进制浮点数之间进行转换的准确度、单一性和一致性要求。

⑤ 五种类型的 IEEE 浮点异常,以及用于向用户指示发生这些类型异常的条件。

五种类型的浮点异常是:无效运算、被零除、上溢、下溢和不精确。

⑥ 四种射入方向:

➤ 向最接近的可表示的值;

➤ 当有两个最接近的可表示的值时,首选"偶数"值;

➤ 向负无穷大(向下);

➤ 向正无穷大(向上)以及向 0(截断)。

.7.3 指针变量与"零值"进行比较

指针变量与"零值"进行比较的 if 语句怎么写?

```
int * p = NULL;     //定义指针一定要同时初始化,指针和数组那章会详细讲解
(A) if(p == 0);        if(p != 0);
(B) if(p);             if(!p);
(C) if(NULL == p);     if(NULL != p);
```

哪一组或是哪些组正确呢?我们来分析分析。

(A) 写法:p 是整型变量?容易引起误会,不好。尽管 NULL 的值和 0 一样,但意义不同。

(B) 写法:p 是 bool 型变量?容易引起误会,不好。

(C) 写法:这个写法才是正确的,但样子比较古怪。为什么要这么写呢?是

怕漏写一个"＝"号。if(p ＝ NULL)，这个表达式编译器当然会认为是正确的，但却不是你要表达的意思。所以，我非常推荐这种写法。

1.7.4 else 到底与哪个 if 配对呢

else 常常与 if 语句配对，但要注意书写规范，看下面例子：

```
if(0 == x)
if(0 == y) error();
else{
        //program code
}
```

这个 else 到底与谁匹配呢？让人迷糊，尤其是初学者。还好，C 语言有这样的规定：else 始终与同一括号内最近的未匹配的 if 语句结合。虽然编程老手可以区分出来，但这样的代码谁都会头疼的，所以建议任何时候都别偷这种懒。关于程序中的分界符'｛'和'｝'，建议遵循以下规则。

【建议 1-21】程序中的分界符'｛'和'｝'对齐风格如表 1.6 所列。

注意表 1.6 中代码的缩进一般为 4 个字符，但不要使用 Tab 键，因为不同的编辑器 Tab 键定义的空格数量不一样，别的编辑器打开 Tab 键缩进的代码可能会一片混乱。

表 1.6 程序中的分界符'｛'和'｝'对齐风格

提倡的风格	不提倡的风格

void Function(int x)
{
    //program code
}
	void Function(int x){
	//program code
	}

if (condition)
{
    //program code
}
else
{
    //program code
}
	if (condition){
	//program code
	}else{
	//program code
	}
	或：
	if (condition)
	//program code
	else
	//program code
	或：
	if (width < height) dosomething();

提倡的风格	不提倡的风格

for (initialization; condition; update)
{
　　//program code
}
	for (initialization;condition; update){
	//program code
	}

while (condition)
{
　　//program code
}
	while (condition){
	//program code
	}

do
{
　　//program code
}
while (condition);
	do{
	//program code
	}while (condition);

21

.7.5　if 语句后面的分号

关于 if - else 语句还有一个容易出错的地方就是与空语句的连用。看下面
的例子:

```
if(NULL != p) ;
    fun();
```

这里的 fun()函数并不是在 NULL != p 的时候被调用,而是任何时候都
会被调用。问题就出在 if 语句后面的分号上。在 C 语言中,分号预示着一条语
句的结尾,但是并不是每条 C 语言语句都需要分号作为结束标志。if 语句的后
面并不需要分号,但如果你不小心写了个分号,编译器并不会提示出错,因为编
译器会把这个分号解析成一条空语句。也就是上面的代码实际等效于:

```
if(NULL != p)
{
    ;
}
fun();
```

这是初学者很容易犯的错误,往往不小心多写了个分号,会导致结果与预想
的相差很远。所以建议在真正需要用空语句时写成这样:

```
NULL;
```

而不是单用一个分号。这就好比汇编语言里面的空指令,比如 ARM 指令中的 NOP 指令。这样做可以明显地区分真正必须的空语句和不小心多写的分号。

1.7.6　使用 if 语句的其他注意事项

【规则 1-22】先处理正常情况,再处理异常情况。

在编写代码时,要使得正常情况的执行代码清晰,确认那些不常发生的异常情况处理代码不会遮掩正常的执行路径。这样对于代码的可读性和性能都很重要。因为,if 语句总是需要做判断,而正常情况一般比异常情况发生的概率更大(否则就应该把异常、正常调过来了)。如果把执行概率更大的代码放到后面,也就意味着 if 语句将进行多次无谓的比较。另外,非常重要的一点是,把正常情况的处理放在 if 后面,而不要放在 else 后面。当然这也符合把正常情况的处理放在前面的要求。

【规则 1-23】确保 if 和 else 子句没有弄反。

这一点初学者也容易弄错,往往把本应该放在 if 语句后面的代码和本应该放在 else 语句后面的代码弄反了。

【规则 1-24】赋值运算符不能使用在产生布尔值的表达式上。

任何被认为是具有布尔值的表达式上都不能使用赋值运算。这排除了赋值运算符的简单与复杂的使用形式,其操作数是具有布尔值的表达式。然而,它不排除把布尔值赋给变量的操作。

如果布尔值表达式需要赋值操作,那么赋值操作必须在操作数之外分别进行。这可以帮助避免"="和"=="的混淆,帮助我们静态地检查错误。例如:

```
x = y;
if (x != 0)
{
    foo ();
}
```

不能写成:

```
if ((x = y) != 0) // Boolean by context
{
    foo ();
}
```

或者更坏的形式:

```
if (x = y)
{
    foo ();
}
```

【规则 1 – 25】所有的 if – else if 结构应该由 else 子句结束。

　　不管何时一条 if 语句后有一个或多个 else if 语句都要应用本规则；最后的 else if 必须跟有一条 else 语句。而 if 语句之后就是 else 语句的简单情况不在本规则之内。

　　对最后的 else 语句的要求是保护性编程（defensive programming）。else 语句或者要执行适当的动作，或者要包含合适的注释以说明为何没有执行动作。这与 switch 语句中要求具有最后一个 default 子句是一致的。

　　例如，下面的代码是简单的 if 语句：

```
if (x > 0)
{
    log_error (3) ;
    x = 0 ;
} // else not needed
```

而下面的代码描述了 if – else if 结构：

```
if (x < 0)
{
    log_error (3);
    x = 0;
}
else if (y < 0)
{
  x = 3;
}
else // this else clause is required, even if the
{
    // programmer expects this will never be reached
    // no change in value of x
}
```

.8　switch、case 组合

　　既然有了 if、else 组合，为什么还需要 switch、case 组合呢？

.8.1　不要拿青龙偃月刀去削苹果

　　那你既然有了菜刀，为什么还需要水果刀呢？你总不能扛着关云长的青龙偃月刀（又名冷艳锯）去削苹果吧。如果你真是这样做了，关二爷也会佩服你的。☺

　　if、else 一般表示两个分支或是嵌套比较少量的分支，但如果分支很多的话，还是用 switch、case 组合吧，这样可以提高效率，其基本格式为：

```
switch(variable)
{
    case Value1:
        //program code
        break;
    case Value2:
        //program code
        break;
    case Value3:
        //program code
        break;
    ...
    default:
        break;
}
```

很简单，但有两个规则。

【规则 1-26】每个 case 语句的结尾绝对不要忘了加 break，否则将导致多个分支重叠（除非有意使多个分支重叠）。

【规则 1-27】最后必须使用 default 分支。即使程序真的不需要 default 处理，也应该保留以下语句：

```
default :
    break;
```

这样做并非画蛇添足，可以避免让人误以为你忘了 default 处理。

【规则 1-28】在 switch case 组合中，禁止使用 return 语句。

【规则 1-29】switch 表达式不应是有效的布尔值。

例如：

```
switch (x == 0) // not compliant - effectively Boolean
{
    ...
}
```

1.8.2　case 关键字后面的值有什么要求吗

好，再问问：真的就这么简单吗？ 看看下面的问题：

Value1 的值为 0.1 行吗？ −0.1 呢？ −1 呢？ (0.1＋0.9)呢？ (1＋2)呢

3/2 呢？'A'呢？"A"呢？变量 i(假设 i 已经被初始化)呢？NULL 呢？这些情形希望读者能亲自上机调试一下,看看到底哪些行,哪些不行。

　　记住:case 后面只能是整型或字符型的常量或常量表达式(想想字符型数据在内存里是怎么存的)。

1.8.3　case 语句的排列顺序

　　似乎从来没有人考虑过这个问题,也有很多人认为 case 语句的顺序无所谓。但事实却不是如此。如果 case 语句很少,或许可以忽略这点,但是如果 case 语句非常多,那就不得不好好考虑这个问题了。比如你写的是某个驱动程序,也许会经常遇到几十个 case 语句的情况。一般来说,我们可以遵循下面的规则。

　　【规则 1-30】按字母或数字顺序排列各条 case 语句。

　　如果所有的 case 语句没有明显的重要性差别,那就按 A-B-C 或 1-2-3 等顺序排列 case 语句。这样做的话,你可以很容易地找到某条 case 语句。比如:

```
switch(variable)
{
    case  A:
        //program code
        break;
    case  B:
        //program code
        break;
    case  C:
        //program code
        break;
    ...
    default:
        break;
}
```

　　【规则 1-31】把正常情况放在前面,而把异常情况放在后面。

　　如果有多个正常情况和异常情况,把正常情况放在前面,并做好注释;把异常情况放在后面,同样要做注释。比如:

```
switch(variable)
{
    /////////////////////////////////////
    //正常情况开始
    case  A:
```

```
        //program code
        break;
    case  B:
        //program code
        break;
//正常情况结束
////////////////////////////////////
//异常情况开始
    case  -1:
        //program code
        break;
//异常情况结束
////////////////////////////////////
    ...
default:
        break;
}
```

【规则 1－32】按执行频率排列 case 语句。

　　把最常执行的情况放在前面，而把最不常执行的情况放在后面。最常执行的代码可能也是调试的时候要单步执行最多的代码。如果放在后面的话，找起来可能会比较困难，而放在前面的话，可以很快找到。

1.8.4　使用 case 语句的其他注意事项

【规则 1－33】简化每种情况对应的操作。

　　使得与每种情况相关的代码尽可能的精炼。case 语句后面的代码越精炼，case 语句的结果就会越清晰。试想，如果 case 语句后面的代码整个屏幕都放不下，这样的代码谁也很难看得清晰吧。如果某个 case 语句确实需要这么多的代码来执行某个操作，那可以把这些操作写成一个或几个子程序，然后在 case 语句后面调用这些子程序就 ok 了。一般来说，case 语句后面的代码尽量不要超过 20 行。

【规则 1－34】不要为了使用 case 语句而刻意制造一个变量。

　　case 语句应该用于处理简单、容易分类的数据。如果你的数据并不简单，那么使用 if－else if 的组合更好一些。如果为了使用 case 而刻意构造出来的是很容易把人搞糊涂的变量，那么就应该避免这种变量，比如：

```
char action = a[0];
switch (action)
{
    case'c':
```

```
        fun1();
        break;
    case'd':
        ...
        break;
default:
        break;
}
```

这里控制 case 语句的变量是 action,而 action 的值是取字符数组 a 的一个字符,但是这种方式可能带来一些隐含的错误。一般而言,当你为了使用 case 语句而刻意去造出一个变量时,真正的数据可能不会按照你所希望的方式映射到 case 语句里。在这个例子中,如果用户输入字符数组 a 里面存的是"const"这个字符串,那么 case 语句会匹配到第 1 个 case 上,并调用 fun1()函数。然而如果这个数组里存的是别的以字符 c 开头的任何字符串(比如:"col","can"),case 分支同样会匹配到第 1 个 case 上。但是这也许并不是你想要的结果,这个隐含的错误往往使编程者因查不出错误所在而抓狂,如果这样的话还不如使用 if - else if 组合。比如:

```
if(0 == strcmp("const",a))
{
    fun1();
}
else if
{
    ...
}
```

【规则 1 - 35】将 default 子句只用于检查真正的默认情况。

有时候,你只剩下了最后一种情况需要处理,于是就决定把这种情况用 default 子句来处理。这样也许会让你偷懒少敲几个字符,但是这却很不明智。因为这样将失去 case 语句的标号所提供的自说明功能,而且也丧失了使用 default 子句处理错误情况的能力。所以,希望读者不要偷懒,老老实实地把每一种情况都用 case 语句来完成,而把真正默认情况的处理交给 default 子句。

1.9　do、while、for 关键字

C 语言中循环语句有 3 种:while 循环、do - while 循环和 for 循环。

while 循环:先判断 while 后面括号里的值,如果为真则执行其后面的代码;否则不执行。while(1)表示死循环。死循环有没有用呢? 看下面例子:准备开

发一个要日夜不停运行的系统,只有当操作员输入某个特定的字符'#'才可以
停下来。

```
while(1)
{
    if('#' == GetInputChar())
    {
        break;
    }
}
```

1.9.1　break 与 continue 的区别

break 关键字很重要,表示终止本层循环。现在这个例子只有一层循环,当
代码执行到 break 时,循环便终止。

如果把 break 换成 continue 会是什么样子呢? continue 表示终止本次(本
轮)循环。当代码执行到 continue 时,本轮循环终止,进入下一轮循环。

while(1)也有写成 while(true)、while(1==1)、while((bool) 1)等形式的,
效果一样。

do - while 循环:先执行 do 后面的代码,然后再判断 while 后面括号里的
值,如果为真,循环开始;否则,循环不开始。其用法与 while 循环没有区别,但
相对较少用。

for 循环:for 循环可以很容易地控制循环次数,多用于事先知道循环次数的
情况下。

循环计数器(循环变量)与循环次数控制条件必须是相同数据类型。

原因:如果类型不一致,可能导致循环条件失效,而导致循环次数不对或死
循环。

符合规范的代码:

```
void func(int arg)
{
    int i;
    for (i = 0; i < arg; i++)
    {
        ...
    }
}
```

不符合规范的代码:

```
void func(int arg)
```

```
{
    unsigned char i;
    for (i = 0; i < arg; i ++)
    {
        ...
    }
}
```

循环(for，while)的条件表达式如果需要访问数组的元素，需要同时判断对数组的访问是否越界。

原因：仅判断数组元素的值是否符合循环停止条件是不够的，因为数组内很可能不包含符合循环停止条件的值，从而导致出现死循环。

符合规范的例子：

```
char var1[MAX];
for (i = 0; i < MAX && var1[i] ! = 0; i ++)
{
    / * Even if 0 are not set in the var1 array, there is no risk of accessing out-
side the array range * /
}
```

不符合规范的例子：

```
char var1[MAX];
for (i = 0; var1[i] ! = 0; i ++)
{
    / * If 0 are not set in the var1 array, there is a risk of accessing outside the
array range * /
}
```

在循环体内，相等操作(＝＝，! ＝)不能用于循环计数变量。

原因：当循环计数变量每次不是加减 1 的话，会导致死循环。因此，需要使用 ＜＝，＞＝，＜，＞ 代替 ＝＝ 和! ＝。

符合规范的例子：

```
void func()
{
    int i;
    for (i = 0; i < 9; i += 2)
    {
        ...
    }
}
```

29

不符合规范的例子：

```
void func()
{
    int i;
    for(i = 0; i!=9; i += 2)
    {
        ...
    }
}
```

留 1 个问题：

请读者考虑，在 switch case 语句中能否使用 continue 关键字？为什么？

1.9.2　循环语句的注意点

建议使用以下规则。

【建议 1-36】在多重循环中，如果有可能，应当将最长的循环放在最内层，最短的循环放在最外层，以减少 CPU 跨切循环层的次数。示例代码比较如表 1.7 所列。

表 1.7　示例代码比较

长循环在最内层，效率高	长循环在最外层，效率低
```for(col = 0; col<5; col++){ for(row = 0; row<100; row++) { sum = sum + a[row][col]; }}```	```for(row = 0; row<100; row++){ for(col = 0; col<5; col++) { sum = sum + a[row][col]; }}```

【建议 1-37】建议 for 语句的循环控制变量的取值采用"半开半闭区间"写法。

半开半闭区间写法和闭区间写法虽然功能相同，但相比之下，半开半闭区间写法更加直观。二者对比如表 1.8 所列。

表 1.8　半开半闭区间写法和闭区间写法对比

半开半闭区间写法	闭区间写法

for（n＝0；n＜10；n＋＋）
{
　…
}
	for（n＝0；n＜＝9；n＋＋）
	{
	　…
	}

【规则 1－38】不能在 for 循环体内修改循环变量，防止循环失控。

```
for(n＝0；n＜10；n＋＋)
{
    …
    n＝8；        //不可,很可能违背了你的原意
    …
}
```

【规则 1－39】循环要尽可能短，要使代码清晰，一目了然。

如果所写的一个循环的代码超过一显示屏，那肯定会让读代码的人发狂的。解决的办法有两个：第一，重新设计这个循环，确认是否这些操作都必须放在这个循环里；第二，将这些代码改写成一个子函数，循环中只调用这个子函数即可。一般来说循环内的代码不要超过 20 行。

【规则 1－40】把循环嵌套控制在 3 层以内。

国外有研究数据表明，当循环嵌套超过 3 层时，程序员对循环的理解能力会极大地降低。如果你的循环嵌套超过 3 层，那么就建议你重新设计循环或是将循环内的代码改写成一个子函数。

【规则 1－41】for 语句的控制表达式不能包含任何浮点类型的对象。

控制表达式可能会包含一个循环计数器，检测其值以决定循环的终止。浮点变量不能用于此目的。舍入误差和截取误差会通过循环的迭代过程传播，导致循环变量的显著误差，并且在进行检测时很可能给出不可预期的结果。例如，循环执行的次数可以随着实现的改变而改变，也是不可预测的。

1.10　goto 关键字

一般来说，编码的水平与 goto 语句使用的次数成反比。有的人主张慎用但不禁用 goto 语句，但我个人主张禁用。关于 goto 语句的更多讨论可以参看 Steve McConnell 的名著《Code Complete. Second Edition》。

【规则 1－42】禁用 goto 语句。

自从提倡结构化设计以来，goto 就成了有争议的语句。首先，由于 goto 语

句可以灵活跳转,如果不加限制,它的确会破坏结构化设计风格;其次,goto 语句经常带来错误或隐患,它可能跳过了变量的初始化、重要的计算等语句,例如:

```
struct student * p = NULL;
…
goto state;
p = (struct student * )malloc(…);        //被 goto 跳过,没有初始化
…
state:
//使用 p 指向的内存里的值的代码
…
```

如果编译器不能发觉此类错误,那么每用一次 goto 语句都可能留下隐患。

1.11 void 关键字

void 有什么好讲的呢? 如果你认为没有,那就没有;但如果你认为有,那就真的有。

1.11.1 void a

void 的字面意思是"空类型",void * 则为"空类型指针",void * 可以指向任何类型的数据。void 几乎只有"注释"和限制程序的作用,因为从来没有人会定义一个 void 变量,看看下面的例子:

```
void a;
```

Visual C++6.0 中,这行语句编译时会出错,提示"illegal use of type 'void'"。不过,即使 void a 的编译不会出错,它也没有任何实际意义。

void 真正发挥的作用在于:对函数返回的限定;对函数参数的限定。

众所周知,如果指针 p1 和 p2 的类型相同,那么我们可以直接在 p1 和 p2 间互相赋值;如果 p1 和 p2 指向不同的数据类型,则必须使用强制类型转换运算符把赋值运算符右边指针的类型转换为左边指针的类型。例如:

```
float * p1;
int * p2;
p1 = p2;
```

其中 p1 = p2 语句会编译出错,提示"'=' : cannot convert from 'int *' to 'float *'",必须改为:

```
p1 = (float * )p2;
```

而 void * 则不同,任何类型的指针都可以直接赋值给它,无需进行强制类

型转换：

```
void * p1;
int * p2;
p1 = p2;
```

但这并不意味着，void * 也可以无需进行强制类型转换地赋给其他类型的指针，因为"空类型"可以包容"有类型"，而"有类型"则不能包容"空类型"。比如，我们可以说"男人和女人都是人"，但不能说"人是男人"或者"人是女人"。下面的语句编译时出错：

```
void * p1;
int * p2;
p2 = p1;
```

提示"'='：cannot convert from 'void *' to 'int *'"。

1.11.2　void 修饰函数返回值和参数

【规则 1 – 43】如果函数没有返回值，那么应将其声明为 void 类型。

在 C 语言中，凡不加返回值类型限定的函数，就会被编译器作为返回整型值处理。但是许多程序员却误以为其为 void 类型，例如：

```
add ( int a, int b )
{
    return a + b;
}
int main( int argc, char * argv[])//甚至很多人以为 main 函数无返回值，或是为 void 型
{
    printf ( "2 + 3 = %d", add ( 2,3));
}
```

程序运行的结果为输出：2＋3＝5，这表示不加返回值说明的函数的确为 int 函数。

因此，为了避免混乱，我们在编写 C 程序时，对于任何函数都必须一个不漏地指定其类型。如果函数没有返回值，那么一定要声明为 void 类型。这既是程序良好可读性的需要，也是编程规范性的要求。另外，加上 void 类型声明后，也可以发挥代码的"自注释"作用。所谓代码的"自注释"即代码能自己注释自己。

【规则 1 – 44】如果函数无参数，那么应声明其参数为 void。

在 C++语言中声明一个这样的函数：

```
int function(void)
{
```

```
    return 1;
  }
```

则进行下面的调用是不合法的：

```
function(2);
```

因为在C++中，函数参数为 void 的意思是这个函数不接受任何参数。

但是在 Turbo C 2.0 中编译如下代码：

```
# include "stdio.h"
fun()
{
    return 1;
}
main()
{
    printf(" % d",fun(2));

    getchar();
}
```

编译正确且输出1,这说明,在 C 语言中,可以给无参数的函数传送任意类型的参数,但是在 C++编译器中编译同样的代码则会出错。在 C++中,不能向无参数的函数传送任何参数,否则将出现以下出错提示"' fun' : function does not take 1 parameters"。

所以,无论在 C 还是 C++中,若函数不接受任何参数,则一定要指明参数为 void。

1.11.3 void 指针

【规则1-45】千万小心又小心地使用 void 指针类型。

按照 ANSI(American National Standards Institute)标准,不能对 void 指针进行算法操作,即下列操作都是不合法的：

```
void * pvoid;
pvoid ++ ;              //ANSI:错误
pvoid += 1;             //ANSI:错误
```

ANSI 标准之所以这样认定,是因为它坚持:进行算法操作的指针必须是确定知道其指向数据类型大小的,也就是说必须知道内存目的地址的确切值。例如：

```
int * pint;
pint ++ ;              //ANSI:正确
```

但是大名鼎鼎的 GNU(GNU's Not Unix 的递归缩写)则不这么认定,它指定 void * 的算法操作与 char * 一致。因此下列语句在 GNU 编译器中皆正确:

```
pvoid ++ ;            //GNU:正确
pvoid += 1;           //GNU:正确
```

在实际的程序设计中,为符合 ANSI 标准,并提高程序的可移植性,我们可以这样编写实现同样功能的代码:

```
void * pvoid;
(char *)pvoid ++ ;     //ANSI:正确;GNU:正确
(char *)pvoid += 1;    //ANSI:错误;GNU:正确
```

GNU 和 ANSI 还有一些区别,总体而言,GNU 较 ANSI 更"开放",提供了对更多语法的支持。但是真实设计时,还是应该尽可能地符合 ANSI 标准。

【规则 1 - 46】如果函数的参数可以是任意类型指针,那么应声明其参数为 void * 。

典型的,如内存操作函数 memcpy 和 memset 的函数原型分别为:

```
void * memcpy(void * dest, const void * src, size_t len);
void * memset ( void * buffer, int c, size_t num );
```

这样,任何类型的指针都可以传入 memcpy 和 memset 中,这也真实地体现了内存操作函数的意义,因为它操作的对象仅仅是一片内存,而不论这片内存是什么类型。如果 memcpy 和 memset 的参数类型不是 void * ,而是 char * ,那才叫真的奇怪了! 这样的 memcpy 和 memset 明显不是一个"纯粹的,脱离低级趣味的"函数。

下面的代码执行正确:

① memset 接受任意类型指针。

```
int IntArray_a[100];
memset ( IntArray_a, 0, 100 * sizeof(int) );       //将 IntArray_a 清 0
```

② memcpy 接受任意类型指针。

```
int destIntArray_a[100], srcintarray_a[100];
//将 srcintarray_a 复制给 destIntArray_a
memcpy ( destIntArray_a, srcintarray_a, 100 * sizeof(int) );
```

有趣的是,memcpy 和 memset 函数返回的也是 void * 类型,标准库函数的编写者都不是一般人。

1.11.4　void 不能代表一个真实的变量

【规则 1 - 47】void 不能代表一个真实的变量。因为定义变量时必须分配内存空间,定义 void 类型变量,编译器到底分配多大的内存呢?

　　下面代码都企图让 void 代表一个真实的变量,因此都是错误的代码:

```
void a;                  //错误
function(void a);        //错误
```

　　void 体现了一种抽象,这个世界上的变量都是"有类型"的,譬如一个人不是男人就是女人(人妖不算)。

　　void 的出现只是为了一种抽象的需要,如果你正确地理解了面向对象中"抽象基类"的概念,也很容易理解 void 数据类型。正如不能给抽象基类定义一个实例,我们也不能定义一个 void(让我们类比地称 void 为"抽象数据类型")变量。

1. 12　return 关键字

　　return 用来终止一个函数并返回其后面跟着的值。

　　return(Val);　//此括号可以省略;但一般不省略,尤其在返回一个表达式的值时

　　return 可以返回些什么东西呢?看下面例子:

```
char * Func(void)
{
  char str[30];
  …
  return str;
}
```

　　str 属于局部变量,位于栈内存中,在 Func 结束的时候被释放,所以返回 str 将导致错误。

　　【规则 1 - 48】return 语句不可返回指向"栈内存"的"指针",因为该内存在函数体结束时被自动销毁。

　　留 1 个问题:

```
return;
```

　　这个语句有问题吗?如果没有问题,那返回的是什么?

1. 13　const 关键字也许该被替换为 readonly

　　const 是 constant 的缩写,是恒定不变的意思,也翻译为常量和常数等。很不幸,正是因为这一点,很多人都认为被 const 修饰的值是常量。这是不精确

的,精确来说应该是只读的变量,其值在编译时不能被使用,因为编译器在编译时不知道其存储的内容。或许当初这个关键字应该被替换为 readonly。那么这个关键字有什么用处和意义呢?

const 推出的初始目的,正是为了取代预编译指令,消除它的缺点,同时继承它的优点。让我们看看它与 define 宏的区别。(很多人误以为 define 是关键字,这点可查看表 1.1 中的 32 个关键字。)

1.13.1　const 修饰的只读变量

定义 const 只读变量,具有不可变性。例如:

```
const int Max = 100;
int Array[Max];
```

这里请在 Visual C++6.0 里分别创建.c 文件和.cpp 文件并测试一下。你会发现在.c 文件中,编译器会提示出错,而在.cpp 文件中则顺利运行。为什么呢? 我们知道定义一个数组必须指定其元素的个数,这也从侧面证实在 C 语言中,const 修饰的 Max 仍然是变量,只不过是只读属性罢了;而在 C++里,扩展了 const 的含义,这里就不讨论了。

注意:const 修饰的只读变量必须在定义的同时初始化,想想为什么?

留 1 个问题:

case 语句后面是否可以是 const 修饰的只读变量呢? 请动手测试一下。

1.13.2　节省空间,避免不必要的内存分配,同时提高效率

编译器通常不为普通 const 只读变量分配存储空间,而是将它们保存在符号表中,这使得它成为一个编译期间的值,没有了存储与读内存的操作,使得它的效率也很高。例如:

```
#define M 3          //宏常量
const int N = 5;     //此时并未将 N 放入内存中
...
int i = N;           //此时为 N 分配内存,以后不再分配
int I = M;           //预编译期间进行宏替换,分配内存
int j = N;           //没有内存分配
int J = M;           //再进行宏替换,又一次分配内存
```

const 定义的只读变量从汇编的角度来看,只是给出了对应的内存地址,而不是像 #define 一样给出的是立即数,所以,const 定义的只读变量在程序运行过程中只有一份备份(因为它是全局的只读变量,存放在静态区),而 #define 定义的宏常量在内存中有若干个备份。#define 宏是在预编译阶段进行替换,而 const 修饰的只读变量是在编译的时候确定其值。#define 宏没有类型,而

const 修饰的只读变量具有特定的类型。

1.13.3　修饰一般变量

一般变量是指简单类型的只读变量。这种只读变量在定义时,修饰符 const 可以用在类型说明符前,也可以用在类型说明符后。例如:

```
int const i = 2;     或     const int i = 2;
```

1.13.4　修饰数组

定义或说明一个只读数组可采用如下格式:

```
int const a[5] = {1, 2, 3, 4, 5};   或   const int a[5] = {1, 2, 3, 4, 5}
```

1.13.5　修饰指针

```
const int * p;              //p 可变,p 指向的对象不可变
int const * p;              //p 可变,p 指向的对象不可变
int * const p;              //p 不可变,p 指向的对象可变
const int * const p;        //指针 p 和 p 指向的对象都不可变
```

在平时的授课中我发现学生很难记住以上这几种情况。这里给出一个记忆和理解的方法:

先忽略类型名(编译器解析的时候也是忽略类型名),我们看 const 离哪个近,"近水楼台先得月",离谁近就修饰谁。

```
const int * p;              //const 修饰 * p,p 是指针, * p 是指针指向的对象,不可变
int const * p;              //const 修饰 * p,p 是指针, * p 是指针指向的对象,不可变
int * const p;              //const 修饰 p,p 不可变,p 指向的对象可变
const int * const p;        //前一个 const 修饰 * p,后一个 const 修饰 p,指针 p 和 p
                            //指向的对象都不可变
```

1.13.6　修饰函数的参数

const 修饰符也可以修饰函数的参数,当不希望这个参数值在函数体内被意外改变时使用。例如:

```
void Fun(const int * p);
```

告诉编译器 * p 在函数体中不能改变,从而防止了使用者的一些无意的或错误的修改。

1.13.7　修饰函数的返回值

const 修饰符也可以修饰函数的返回值,返回值不可被改变。例如:

```
const int Fun (void);
```

在另一链接文件中引用 const 只读变量：

```
extern const int i;        //正确的声明
extern const int j = 10;   //错误，只读变量的值不能改变
```

注意：这里是声明不是定义，关于声明和定义的区别，请看本章的开始处。

讲了这么多讲完了吗？远没有。在 C＋＋里，对 const 做了进一步的扩展，还有很多知识未能讲完。若读者有兴趣的话，不妨查找相关资料研究研究。

1.14　最易变的关键字——volatile

volatile 是易变的、不稳定的意思。很多人根本就没见过这个关键字，不知道它的存在。也有很多程序员知道它的存在，但从来没用过它。我对它有种"杨家有女初长成，养在深闺人未识"的感觉。

volatile 关键字和 const 一样是一种类型修饰符，用它修饰的变量表示可以被某些编译器未知的因素更改，比如操作系统、硬件或者其他线程等。遇到这个关键字声明的变量，编译器对访问该变量的代码就不再进行优化，从而可以提供对特殊地址的稳定访问。

先看看下面的例子：

```
int i = 10;
int j = i;     //①语句
int k = i;     //②语句
```

此时编译器对代码进行优化，这是因为在①、②两条语句中，i 没有被用作左值（没有被赋值）。这时候编译器认为 i 的值没有发生改变，所以在①语句时从内存中取出 i 的值赋给 j 之后，这个值并没有被丢掉，而是在②语句时继续用这个值给 k 赋值。编译器不会生成出汇编代码重新从内存里取 i 的值（不会编译生成装载内存的汇编指令，比如 ARM 的 LDM 指令），这样提高了效率。但要注意：①、②语句之间确认 i 没有被用作左值才行。

再看另一个例子：

```
volatile   int i = 10;
int j = i;     //③语句
int k = i;     //④语句
```

volatile 关键字告诉编译器，i 是随时可能发生变化的，每次使用它的时候必须从内存中取出 i 的值，因而编译器生成的汇编代码会重新从 i 的地址处读取数据放在 k 中。

这样看来，如果 i 是一个寄存器变量，表示一个端口数据或者是多个线程的

39

共享数据,那么就容易出错,所以说 volatile 可以保证对特殊地址的稳定访问。

但是注意:在 Visual C++6.0 中,一般 Debug 模式没有进行代码优化,所以这个关键字的作用有可能看不出来。你可以同时生成 Debug 版和 Release 版的程序做个测试。

const 或 volatile 修饰的指针类型在强制转换时不能去除 const 或 volatile 属性。

原因:在读写 const 或 volatile 修饰的对象时必须非常小心,因其禁止了编译器优化。如果在强制转换的时候去除了 const 或 volatile 属性,则编译器优化后的运算结果可能不是预期的。

符合规范的例子:

```
void func(const char * );
const char * str;
void x()
{
    func(str);
    ...
}
```

不符合规范的例子:

```
void func(char * );
const char * str;
void x()
{
    func((char * )str);
    ...
}
```

留 1 个问题:

```
const volatile int i = 10;
```

这行代码有没有问题? 如果没有,那么 i 到底是什么属性?

1.15　最会带帽子的关键字——extern

extern,外面的、外来的意思,那它有什么作用呢? 举个例子:假设你在大街上看到一个黑皮肤、绿眼睛、红头发的美女(外星人?)或者帅哥,你的第一反应就是这人不是国产的。extern 就相当于他们的这些区别于中国人的特性。extern 可以置于变量或函数前,以表明变量或函数的定义在别的文件中,下面代码用到的这些变量或函数是外来的,不是本文件定义的,提示链接器遇到此变量和函数时在其他模块中解析/绑定此标识符。就好比在本文件中给这些外来的变量或函数"带了顶帽子",告诉本文件中所有代码,这些家伙不是"土著"。试想 extern 修饰的变量或函数是定义还是声明?

看例子:

A.c 文件中定义:	**B.c 文件中用 extern 修饰:**

```
int i = 10;                 extern int i;        //写成 i = 10;行吗?
void fun(void)              extern void fun(void);  //两个 void 可否省略?
{
        //code
}
```

C.h 文件中定义:	**D.c 文件中用 extern 修饰:**

```
    int   j   = 1;          extern double j;  //这样行吗?为什么?
    int   k   = 2;          j = 3.0;          //这样行吗?为什么?
```

至于 extern "C" 的用法,一般认为属于 C++ 的范畴,这里就先不讨论。当然关于 extern 的讨论还远没有结束,在指针和数组那章(第 4 章),你还会和它亲密接触的。

1.16　struct 关键字

struct 是个神奇的关键字,它将一些相关联的数据打包成一个整体,方便使用。

在网络协议、通信控制、嵌入式系统、驱动开发等地方,我们经常要传送的不是简单的字节流(char 型数组),而是多种数据组合起来的一个整体,其表现形式是一个结构体。经验不足的开发人员往往将所有需要传送的内容依顺序保存在 char 型数组中,通过指针偏移的方法传送网络报文等信息。这样做编程复杂,易出错,而且一旦控制方式和通信协议有所变化,程序就要进行非常细致的修改,非常容易出错。

这个时候只需要一个结构体就能搞定。平时我们要求函数的参数尽量不多于 4 个,如果函数的参数多于 4 个使用起来非常容易出错(包括每个参数的意义和顺序都容易弄错),效率也会降低(与具体 CPU 有关,ARM 芯片对于超过 4 个参数的处理就有讲究,具体请参考相关资料)。这个时候,可以用结构体压缩参数个数。

1.16.1　空结构体多大

结构体所占的内存大小是其成员所占内存之和(关于结构体的内存对齐,请参考预处理那章(第 3 章))。这点很容易理解,但是下面的这种情况呢?

```
struct student
{
}stu;
```

sizeof(stu)的值是多少呢？在 Visual C++ 6.0 上测试一下。

很遗憾，不是 0，而是 1。为什么呢？试想，如果我们把 struct student 看成一个模子的话，你能造出一个没有任何容积的模子吗？显然不行。编译器也是如此认为。编译器认为任何一种数据类型都有其大小，用它来定义一个变量能够分配确定大小的空间。既然如此，编译器就理所当然地认为任何一个结构体都是有大小的，哪怕这个结构体为空。万一结构体真的为空，那它的大小为什么值比较合适呢？

假设结构体内只有一个 char 型的数据成员，那其大小为 1 字节（这里先不考虑内存对齐的情况），也就是说非空结构体类型数据最少需要占 1 字节的空间，而空结构体类型数据总不能比最小的非空结构体类型数据所占的空间大吧。这就麻烦了，空结构体的大小既不能为 0，也不能大于 1，怎么办？定义为 0.5 字节？但是内存地址的最小单位是 1 字节，0.5 字节怎么处理？解决这个问题的最好办法就是折中，编译器理所当然地认为，你构造一个结构体数据类型是用来打包一些数据成员的，而最小的数据成员需要 1 字节，编译器为每个结构体类型数据至少预留 1 字节的空间。所以，空结构体的大小就定为 1 字节。

此问题的说明：有网友提出在 GCC 里面计算的值为 0。这个问题我有点经验主义和想当然了。当时是一个学生问到这个问题，说在好几种编译器里面 sizeof 空结构体都为 1，我就按我的推理解释了，也没有亲自去多测试几种编译器。

现在看来应该是错了。但对于这个问题，C 语言标准没有给出明确说明，我至今也未见到有资料明确说明。经过考虑，我决定留下这个不一定准确的讲解：

一则，警示我自己知错就改；二则，警示我自己和广大读者，不要过分相信自己的经验，万事要亲自动手试试。纸上得来终觉浅，绝知此事要躬行。

1.16.2　柔性数组

也许你从来没有听说过柔性数组（flexible array）这个概念，但是它确实是存在的。

C99 中，结构中的最后一个元素允许是未知大小的数组，这就叫做柔性数组成员，但结构中的柔性数组成员前面必须至少有一个其他成员。柔性数组成员允许结构中包含一个大小可变的数组。sizeof 返回的这种结构大小不包括柔性数组的内存。包含柔性数组成员的结构用 malloc() 函数进行内存的动态分配，并且分配的内存应该大于结构的大小，以适应柔性数组的预期大小。

柔性数组到底如何使用呢？看下面例子：

```
typedef struct st_type
```

```
{
    int i;
    int a[0];
}type_a;
```

有些编译器会报错无法编译可以改成：

```
typedef struct st_type
{
    int i;
    int a[];
}type_a;
```

这样我们就可以定义一个可变长的结构体，用 sizeof(type_a)得到的只有 4，就是 sizeof(i)＝sizeof(int)。0 个元素的数组没有占用空间，而后我们可以进行变长操作了。通过如下表达式给结构体分配内存：

```
type_a * p = (type_a * )malloc(sizeof(type_a) + 100 * sizeof(int));
```

这样我们为结构体指针 p 分配了一块内存。用 p ->item[n]就能简单地访问可变长元素。但是这时候我们再用 sizeof(* p)测试结构体的大小，发现仍然为 4。是不是很诡异？我们不是给这个数组分配了空间么？

别急，先回忆一下我们前面讲过的"模子"。在定义这个结构体的时候，模子的大小就已经确定不包含柔性数组的内存大小。柔性数组只是编外人员，不占结构体的编制，只是说在使用柔性数组时需要把它当作结构体的一个成员，仅此而已。再说得直白点，柔性数组其实与结构体没什么关系，只是"挂羊头卖狗肉"而已，算不得结构体的正式成员。

需要说明的是：C89 不支持这种东西，C99 把它作为一种特例加入了标准。但是，C99 支持的而不是 zero array，形同 int item[0]，这种形式是非法的；C99 支持的是 incomplete type，形同 int item[]，只不过有些编译器把 int item[0]作为非标准扩展来支持，而且在 C99 发布之前已经有了这种非标准扩展了。C99 发布之后，有些编译器把两者合而为一。

当然，上面既然用 malloc 函数分配了内存，肯定就需要用 free 函数来释放内存：

```
free(p);
```

经过上面的讲解，相信你已经掌握了这个看起来似乎很神秘的东西。不过实在要是没掌握也无所谓，这个东西确实很少用。

1.16.3　struct 与 class 的区别

在 C＋＋里 struct 关键字与 class 关键字一般可以通用，只有一个很小的区别。struct 的成员默认情况下的属性是 public,而 class 成员的却是 private。很多人觉得不好记,其实很容易。你平时用结构体时,用 public 修饰它的成员了吗? 既然 struct 关键字与 class 关键字可以通用,你也就不要认为结构体内不能放函数了。不过在 C 语言里,结构体内能不能放函数呢? 希望读者亲自试试。

当然,关于结构体的讨论远没有结束,在指针与数组那章(第 4 章),你还要和它打交道的。

1.17　union 关键字

union 关键字的用法与 struct 的用法非常类似。

union 维护足够的空间来放置多个数据成员中的"一种",而不是为每一个数据成员配置空间。在 union 中所有的数据成员共用一个空间,同一时间只能储存其中一个数据成员,所有的数据成员具有相同的起始地址。例如:

```
union StateMachine
{
    char character;
    int number;
    char * str;
    double exp;
};
```

一个 union 只配置一个足够大的空间来容纳最大长度的数据成员,以本例而言,最大长度是 double 类型,所以 StateMachine 的空间大小就是 double 数据类型的大小。

在 C++里,union 的成员默认属性页为 public。union 主要用来压缩空间。如果一些数据不可能在同一时间同时被用到,则可以使用 union。

1.17.1　大小端模式对 union 类型数据的影响

下面再看一个例子:

```
union
{
    int i;
    char a[2];
} * p, u;
p = &u;
p->a[0] = 0x39;
p->a[1] = 0x38;
```

p.i 的值应该为多少呢?

这里需要考虑存储模式：大端模式和小端模式。

大端模式（Big_endian）：字数据的高字节存储在低地址中，而字数据的低字节则存放在高地址中。

小端模式（Little_endian）：字数据的高字节存储在高地址中，而字数据的低字节则存放在低地址中。

union 型数据所占的空间等于其最大的成员所占的空间。对 union 型成员的存取都从相对于该联合体基地址的偏移量为 0 处开始，也就是联合体的访问不论对哪个变量的存取都是从 union 的首地址位置开始。如此一解释，上面的问题是否已经有了答案呢？

1.17.2　如何用程序确认当前系统的存储模式

上述问题似乎还比较简单，那来个有技术含量的：请写一个 C 函数，若处理器是 Big_endian 的，则返回 0；若是 Little_endian 的，则返回 1。

先分析一下，按照上面关于大小端模式的定义，假设 int 类型变量 i 被初始化为 1。

以大端模式存储，其内存布局如图 1.3 所示。

以小端模式存储，其内存布局如图 1.4 所示。

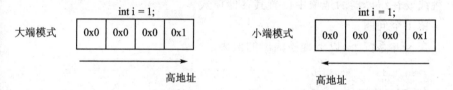

图 1.3　大端模式内存布局　　　图 1.4　小端模式内存布局

变量 i 占 4 字节，但只有 1 个字节的值为 1，另外 3 个字节的值都为 0。如果取出低地址上的值为 0，毫无疑问，这是大端模式；如果取出低地址上的值为 1，毫无疑问，这是小端模式。既然如此，我们完全可以利用 union 类型数据"所有成员的起始地址一致"的特点编写程序。到现在，应该知道怎么写了吧？参考答案如下：

```
int checkSystem( )
{
    union check
    {
     int i;
     char ch;
    } c;
    c.i = 1;
```

45

```
    return (c.ch == 1);
}
```

现在你可以用这个函数来测试当前系统的存储模式,当然你也可以不用函数而直接去查看内存来确定当前系统的存储模式,如图 1.5 所示。

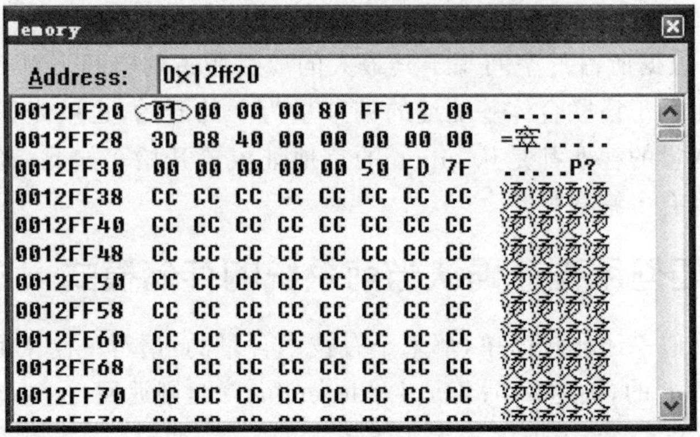

图 1.5 查看内存

图 1.5 中 0x01 的值存在低地址上,说明当前系统为小端模式。

不过要说明的一点是,某些系统可能同时支持这两种存储模式,你可以用硬件跳线或在编译器的选项中设置其存储模式。

留 1 个问题:

在 x86 系统下,以下程序输出的值为多少?

```
#include    <stdio.h>
int main()
{
    int a[5] = {1,2,3,4,5};
    int * ptr1 = (int * )(&a + 1);
    int * ptr2 = (int * )((int)a + 1);
    printf("%x,%x",ptr1[-1], * ptr2);
    return 0;
}
```

【规则 1 - 49】对于位域的使用和自定义的行为需要详细说明,且在使用前需要用代码 check 当前系统的模式(大端或小端模式)。使用位域(bit field)时需要特别注意对齐方式是 LSB(Least Significant Bit)或是 MSB(Most Significant Bit)。

在"MISRA_C - 2004,Rule 6.4(required):位域仅可以被定义为 unsigned int 或 signed int 类型"和"MISRA_C - 2004,Rule 6.5(required):被定义为 signed int 类型的位域长度至少为两个 bit"中,所描述的对位域范畴的定义非常有限,而位域的使用也是 C 语言中描述最为缺乏的部分之一。

对于位域主要有以下两种用法：

① 访问较大数据类型中个别 bit，或者一组 bit（与 union 类型一起）。这种用法是不被允许的（MISRA_C - 2004，Rule 18.4（required）：Unions shall not be used）。

② 允许将标志位或者其他短长度的数据压缩放置以节省空间。

位域本身具有如下特点：

① 位域总是从字的第一个位开始。

② 位域不能与整数的边界重叠，也就是说一个结构中的所有域的长度之和不能大于字段大小。如果更大，重叠域将字段作为下一个字的开始。

③ 可以给未命名的域声明大小。例如：unsigned：bit - length，这种域在字段中提供填充值。

④ 字段中可以有未使用的位。

⑤ 不能使用位域变量的地址，意味着不能使用 scanf 函数将数值读入位域（可通过中间变量赋值的方式）。

⑥ 也不能使用位域变量的地址方式访问位域。

⑦ 位域不能数组化。

⑧ 位域必须进行赋值，且其值必须在位域的大小范围之内，如果赋值过大将发生不可预知的错误。

⑨ 位域定义中的数据类型如果是 signed，则其位于不能少于两位（其中一位表示符号位）。

为节约存储空间而将短长度数据压缩存放是位域唯一被允许的用法，其前提是结构体的成员必须通过成员名访问，程序员不可以臆断位域在结构体中的存储方式（如 LSB 或 MSB）。

关于位域的使用和其到底是否能节约存储空间，著名的行业编码规范 *JOINT STRIKE FIGHTER AIR VEHICLE C++ CODING STANDARDS* 有如下描述：

AV Rule 154 Bit - fields shall have explicitly unsigned integral or enumeration types only.

　　Rationale：W hether a plain (neither explicitly signed nor unsigned) char, short, int or long bit - field is signed or unsigned is implementation - defined. [10] Thus, explicitly declaring a bit - filed unsigned prevents unexpected sign extension or overflow.

　　Note：MISRA Rule no longer applies since it discusses a two - bit minimum - length requirement for bit - fields of signed types.

AV Rule 155 Bit - fields will not be used to pack data into a word for the sole purpose of saving space.

　　Note：Bit - packing should be reserved for use in interfacing to hardware or conformance to communication protocols.

Warning：Certain aspects of bit – field manipulation are implementation – defined.

Rationale：Bit – packing adds additional complexity to the source code. Moreover, bit – packing may not save any space at all since the reduction in data size achieved through packing is often offset by the increase in the number of instructions required to pack/unpack the data.

从上面的描述可以看出，两个行业内最著名的编码规范都要求对位域的使用慎之又慎。所以，我们平时写代码时，如果不是十分必要，不建议使用位域。

建议声明结构体来存放位域，在同一结构体内不要包含其他数据类型。

例如，如下声明是可行的：

```
struct message                 //此结构体仅用于定义位域
{
    signed int little：4；    //注：需要使用基本数据类型
    unsigned   int x_set：1
    unsigined int y_set：1；
}message_chunk；
```

使用位域时，需要知道其潜在的缺陷以及其实现定义行为的范围。程序员应特别注意如下几点：

① 在存储单元内位域的对齐是实现定义的，即位域是从高位还是低位开始存入一个存储单元（通常为字节）。

② 一个位域是否可以与存储单元的边界重叠也是实现定义的。例如，一个 6 bit 位域和一个 4 bit 位域依次定义时，该 4 bit 位域是从下一个 byte 开始存放，或是其中 2 个 bit 存入一个 byte，另 2 个 bit 存入下一个 byte。

一个项目的实际例子：在用结构体存储 CAN 数据格式的轮速数据时，曾遇到因位域对齐方式引起的问题，原结构体定义如下：

```
typedef struct WheelSpeedRe_Msgtype
{
    unsigned char Unused0；
    unsigned char Unused1：1；
    unsigned char WheelSpeedReR_high：7；
    unsigned char WheelSpeedReR_low；
    unsigned char Unused2：1；
    unsigned char WheelSpeedReL_high：7；
    unsigned char WheelSpeedReL_low；
    unsigned char Unused3[3]；
}WheelSpeedRe_Msgtype_ST；
```

以上定义中：语句"unsigned char WheelSpeedReR_high：7；"和语句"un-signed char WheelSpeedReR_low；"，分别为右轮速数据的高 7 位和低 8 位，而高字节中的第 8 位最初被认为是没有用到的，即认为字节中的位域是按照 LSB 的方式存放的。在实际获取数据后发现轮速数据的值和预期不相符，经过调试，将结构体中字节的位存放与 CAN 数据字节中的位存放进行对比才发现，CAN 数据中字节的位域是按照 MSB 存放的，随即将定义修改如下：

```
typedef struct WheelSpeedRe_Msgtype
{
    unsigned char Unused0；
    unsigned char WheelSpeedReR_high：7；
    unsigned char Unused1：1；
    unsigned char WheelSpeedReR_low；
    unsigned char WheelSpeedReL_high：7；
    unsigned char Unused2：1；
    unsigned char WheelSpeedReL_low；
    unsigned char Unused3[3]；
}WheelSpeedRe_Msgtype_ST；
```

之后，便得到了正确的轮速值。

【规则 1－50】使用带符号的位域，至少需要两位来表示一个完整的位域。第一位是符号位，0 表示正数，1 表示负数；其余位数表示数值。

注意：负数是按照补码的方式来表示的。

.18　enum 关键字

很多初学者对枚举（enum）感到迷惑，或者认为没什么用，其实枚举是个很有用的数据类型。

.18.1　枚举类型的使用方法

一般的定义方式如下：

```
enum enum_type_name
{
    ENUM_CONST_1,
    ENUM_CONST_2,
    ...
    ENUM_CONST_n
} enum_variable_name;
```

注意：enum_type_name 是自定义的一种数据类型名，而 enum_variable_name

为 enum_type_name 类型的一个变量,也就是我们平时常说的枚举变量。实际上 enum_type_name 类型是对一个变量取值范围的限定,而花括号内是它的取值范围,即 enum_type_name 类型的变量 enum_variable_name 只能取值为花括号内的任何一个值,如果赋给该类型变量的值不在列表中,则会报错或者警告。

ENUM_CONST_1、ENUM_CONST_2、…、ENUM_CONST_n,这些成员都是常量,也就是我们平时所说的枚举常量(常量一般用大写)。enum 变量类型还可以给其中的常量符号赋值,如果不赋值则会从被赋初值的那个常量开始依次加 1;如果都没有赋值,它们的值从 0 开始依次递增 1。例如,分别用一个常数表示不同颜色,程序如下:

```
enum Color
{
  GREEN = 1,
  RED,
  BLUE,
  GREEN_RED = 10,
  GREEN_BLUE
}ColorVal;
```

其中各常量名代表的数值分别为:

```
GREEN = 1
RED = 2
BLUE = 3
GREEN_RED = 10
GREEN_BLUE = 11
```

枚举类型的成员的值必须是 int 类型能表述的。

原因:C 标准规定枚举类型的成员的值必须是 int 类型能表述的。有的编译器可能允许超出 int 范围的值赋值给枚举成员,但这取决于编译器。C++标准的定义由 int 类型扩展到了 long 类型。

符合规范的例子:

```
/* If int is 16bits and long is 32bits */
enum largenum
{
    LARGE = INT_MAX
};
```

不符合规范的例子:

```
    /* If int is 16bits and long is 32bits */
enum largenum
```

```
{
    LARGE = INT_MAX + 1
};
```

1.18.2　枚举与♯define 宏的区别

下面再看看枚举与♯define 宏的区别：

①♯define 宏常量是在预编译阶段进行简单替换；枚举常量则是在编译的时候确定其值。

② 一般在调试器里，可以调试枚举常量，但是不能调试宏常量。

③ 枚举可以一次定义大量相关的常量，而♯define 宏一次只能定义一个。

留 2 个问题：

① 枚举能做到的事，♯define 宏能不能都做到？ 如果能，那为什么还需要枚举？

② sizeof(ColorVal)的值为多少？ 为什么？

1.19　伟大的缝纫师——typedef 关键字

1.19.1　关于马甲的笑话

有这样一个笑话：一个猎人在河边抓捕一条蛇，蛇逃进了水里。过一会，一个乌龟爬到岸边。猎人一把抓住这个乌龟，大声地说道：小样，别以为你穿了个马甲我就不认识你了！

typedef 关键字是个伟大的缝纫师，擅长做马甲，任何东西穿上这个马甲就立马变样。它可以把狼变成一头羊，也可以把羊变成一头狼，甚至还可以把长着翅膀的鸟人变成天使，同样也能把美丽的天使变成鸟人。所以，你千万不要得罪它，一定要掌握它的脾气，不然哪天我把你当鸟人，你可别怪我。☺

1.19.2　历史的误会——也许应该是 typerename

很多人认为 typedef 是定义新的数据类型，这可能与这个关键字有关。本来嘛，type 是数据类型的意思，def(ine)是定义的意思，合起来就是定义数据类型啦。不过很遗憾，这种理解是不正确的。也许这个关键字应该被替换为"typerename"或是别的词。

typedef 的真正意思是给一个已经存在的数据类型（注意：是类型不是变量）取一个别名，而非定义一个新的数据类型。比如，华美绝伦的芍药，就有个别名——将离。中国古代男女交往，往往以芍药相赠，表达惜别之情，送芍药就意味着即将分离，所以文人墨客就给芍药取了个意味深长的别名——将离。这个新的名字就表达了那种依依不舍的惜别之情……这样新的名字与原来的名字相比,就更能表达出想要表达的意思。

在实际项目中,为了方便,可能很多数据类型(尤其是结构体之类的自定义数据类型)需要我们重新取一个适用于实际情况的别名。这时候 typedef 就可以帮助我们,例如:

```
typedef    struct student
{
    //code
}Stu_st, * Stu_pst;            //命名规则请参考 1.4.2 小节
```

(A) struct student   stu1 和 Stu_st stu1——没有区别

(B) struct student   * stu2、Stu_pst stu2 和 Stu_st * stu2——没有区别

这个地方很多初学者迷惑,(B)的 3 个定义为什么相等呢? 其实很好理解,我们把"struct student { / * code * /}"看成一个整体,typedef 就是给"struct student {/ * code * /}"取了个别名叫"Stu_st";同时给"struct student { / * code * /} *"取了个别名叫"Stu_pst"。只不过这两个名字同时取而已,好比你给你家小狗取了个别名叫"大黄",同时你妹妹给小狗带了小帽子,然后给它取了个别名叫"小可爱"。

好,下面再把 typedef 与 const 放在一起看看:

(C) const   Stu_pst   stu3;

(D) Stu_pst   const   stu4;

大多数初学者认为(C)里 const 修饰的是 stu3 指向的对象;(D)里 const 修饰的是 stu4 这个指针。很遗憾,(C)里 const 修饰的并不是 stu3 指向的对象,那 const 这时候到底修饰的是什么呢? 我们在讲解 const int i 的时候说过 const 放在类型名"int"前后都行;而 const int * p 与 int * const p 则完全不一样。也就是说,我们看 const 修饰谁的时候完全可以将数据类型名视而不见,当它不存在。反过来再看"const Stu_pst stu3",Stu_pst 是"struct student { / * code * /} *"的别名,"struct student {/ * code * /} *"是一个整体。对于编译器来说,只认为 Stu_pst 是一个类型名,所以在解析的时候很自然地把"Stu_pst"这个数据类型名忽略掉。现在知道 const 到底修饰的是什么了吧!

【规则 1-51】用 typedef 重命名基本的数据类型,以替代原始的数据类型。

typedef 并没有定义一个新的数据类型,仅是将原有的数据类型重新命名而已。使用 typedef 重命名数据类型可以加快代码编写速度,增加代码可读性(可清晰地知道数据大小、有无符号等信息),增加代码的移植性。常用的数据类型如下:

```
typedef          char         char_t;
typedef  signed  char         int8_t;
typedef  signed  short        int16_t;
typedef  signed  int          int32_t;
typedef  signed  long         int64_t;
typedef  unsigned char        uint8_t;
typedef  unsigned short       uint16_t;
typedef  unsigned int         uint32_t;
typedef  unsigned long        uint64_t;
typedef          float        float32_t;
typedef          double       float64_t;
typedef  long    double       float128_t;
```

1.19.3 typedef 与 #define 的区别

噢,上帝! 这真要命! 别急,要命的还在后面呢。看如下例子:

(E) #define INT32   int
    unsigned INT32 i = 10;
(F) typedef int int32;
    unsigned int32 j = 10;

其中(F)编译出错,为什么呢? (E)不会出错,这很好理解,因为在预编译的时候 INT32 被替换为 int,而语句 unsigned int i = 10 是正确的。但是,很可惜,用 typedef 取的别名不支持这种类型扩展。另外,想想 typedef static int int32 行不行? 为什么?

下面再看一个与 #define 宏有关的例子:

(G) #define PCHAR char *
    PCHAR p3,p4;
(H) typedef char * pchar;
    pchar p1,p2;

两组代码编译都没有问题,但是,这里的 p4 却不是指针,仅仅是一个 char 类型的字符。这种错误很容易被忽略,所以用 #define 的时候要慎之又慎。关于 #define 当然还有很多话题需要讨论,请看预处理那章(第 3 章)。当然关于 typedef 的讨论也还没有结束,在指针和数组那章(第 4 章),我们还要继续讨论。

1.19.4 #define a int[10] 与 typedef int a[10]

留几个问题:

① #define a int[10]

(A) a[10]　a[10];　　　　　　　(E) a　　　b[10];

(B) a[10]　a;　　　　　　　　(F) a　　　b;

(C) int　　a[10];　　　　　　(G) a *　　b[10];

(D) int　　a;　　　　　　　　(H) a *　　b;

② typedef int a[10];

(A) a[10]　a[10];　　　　　　　(E) a　　　b[10];

(B) a[10]　a;　　　　　　　　(F) a　　　b;

(C) int　　a[10];　　　　　　(G) a *　　b[10];

(D) int　　a;　　　　　　　　(H) a *　　b;

③ #define a　int * [10]

(A) a[10]　a[10];　　　　　　　(E) a　　　b[10];

(B) a[10]　a;　　　　　　　　(F) a　　　b;

(C) int　　a[10];　　　　　　(G) a *　　b[10];

(D) int　　a;　　　　　　　　(H) a *　　b;

④ typedef int * a[10];

(A) a[10]　a[10];　　　　　　　(E) a　　　b[10];

(B) a[10]　a;　　　　　　　　(F) a　　　b;

(C) int　　a[10];　　　　　　(G) a *　　b[10];

(D) int　　a;　　　　　　　　(H) a *　　b;

⑤ #define　* a　int[10]

(A) a[10]　a[10];　　　　　　　(E) a　　　b[10];

(B) a[10]　a;　　　　　　　　(F) a　　　b;

(C) int　　a[10];　　　　　　(G) a *　　b[10];

(D) int　　a;　　　　　　　　(H) a *　　b;

⑥ typedef int　(* a)[10];

(A) a[10]　a[10];　　　　　　　(E) a　　　b[10];

(B) a[10]　a;　　　　　　　　(F) a　　　b;

(C) int　　a[10];　　　　　　(G) a *　　b[10];

(D) int　　a;　　　　　　　　(H) a *　　b;

⑦ #define　* a　* int[10]

(A) a[10]　a[10];　　　　　　　(E) a　　　b[10];

(B) a[10]　a;　　　　　　　　(F) a　　　b;

(C) int　　a[10];　　　　　　(G) a *　　b[10];

(D) int　　a;　　　　　　　　(H) a *　　b;

⑧ typedef int ＊ （＊ a)[10];

(A) a[10]　a[10];　　　　　(E) a　　b[10];

(B) a[10]　a;　　　　　　(F) a　　b;

(C) int　　a[10];　　　　(G) a＊　b[10];

(D) int　　a;　　　　　　(H) a＊　b;

　　请判断这里面哪些定义正确,哪些定义不正确。另外,int[10]和 a[10]到底
该怎么用?

55

第2章

符 号

符号有什么好说的呢？确实,符号可说的内容要少些,但总还是有些可以唠叨的地方。有一次上课,我问学生:"/"这个符号在 C 语言里都用在哪些地方？没有一个人能答完整。这说明 C 语言的基础掌握不牢靠,如果真正掌握了 C 语言,你就能很轻易地回答上来。这个问题就请读者试着回答一下吧。本章不会像关键字一样一个一个深入讨论,只是将容易出错的地方讨论一下。

标准 C 语言的基本符号如表 2.1 所列。

表 2.1　标准 C 语言的基本符号

符　号	名　称	符　号	名　称
,	逗号	＞	右尖括号
.	圆点	!	感叹号
;	分号	|	竖线
:	冒号	/	斜杠
?	问号	\	反斜杠
'	单引号	～	波折号
"	双引号	♯	井号
(	左圆括号	)	右圆括号
[	左方括号	]	右方括号
{	左大括号	}	右大括号
%	百分号	&	and(与)
^	xor(异或)	*	乘号
−	减号	=	等号
＜	左尖括号	+	加号

C 语言的基本符号就有 20 多个,每个符号可能同时具有多重含义,而且这些符号之间相互组合又使得 C 语言中的符号变得更加复杂起来。

你也许听说过"国际 C 语言乱码大赛(IOCCC)",能获奖的人毫无疑问是世界顶级 C 程序员,这是他们利用 C 语言的特点极限挖掘的结果。下面这个例子

就是网上广为流传的一个经典作品:

```c
#include <stdio.h>
main(t,_,a)char *a;{return!0<t?t<3?main(-79,-13,a+main(-87,1-_,
main(-86,0,a+1)+a)):1,t<_?main(t+1,_,a):3,main(-94,-27+t,a)&&t==
2?_<13?
main(2,_+1,"%s %d %d\n"):9:16:t<0?t<-72?main(_,t,
"@n'+,#'/*{}w+/w#cdnr/+,{}r/*de}+,/*{*+,/w{%+,/w#q#n+,/#{l
+,/n{n+,/+#n+,/#\
;#q#n+,/+k#;*+,/'r :'d*'3,}{w+K wK':'+}e#';dq#'l \
q#'+dK#!/+k#;q#'r}eKK#}w'r}eKK{nl]'/#;#q#n')}#}w')}{nl]'/+#n';d}rw
'i;#\
){nl]!/n{n#';r{#w'r nc{nl]'/#{l,+'K {rw'iK{;[{nl]'/w#q#n'wk nw'\
iwk{KK{nl]!/w{%'l##w#'i;:{nl]'/*{q#'ld;r'}{nlwb!/*de}'c \
;;{nl'-{}rw]'/+,}##'*}#nc,',#nw]'/+kd'+e};+;#'rdq#w! nr'/')}+}{rl#'{n'
')#\
}'+}##(!!/")
:t<-50?_==*a?putchar(31[a]):main(-65,_,a+1):main((*a=='/')+t,_,a+1)
:0<t?main(2,2,"%s"):*a=='/'||main(0,main(-61,*a,
"!ek;dc@bK'(q)-[w]*%n+r3#l,{}:\nuwloca-O;m.vpbks,fntdCeghiry"),a+1);}
```

还没发狂? 看来你抵抗力够强的。这是 IOCCC 1988 年获奖作品,作者是 Ian Phillipps。毫无疑问,Ian Phillipps 是世界上最顶级的 C 语言程序员之一。你可以数数这里面用了多少个符号。当然这里我并不会讨论这段代码,也并不是鼓励你也去写这样的代码(关于这段代码的分析,你可以上网查询)。恰恰相反,我要告诉你的是:

大师把代码写成这样是经典,你把代码写成这样是垃圾!

所以在垃圾和经典之间,你需要做一个抉择。

2.1 注释符号

2.1.1 几个似非而是的注释问题

C 语言的注释可以出现在 C 语言代码的任何地方。这句话对不对? 这是我当学生时我老师问的一个问题,我当时的回答是不对。好,那我们就看看下面的例子:

```c
(A) int/*...*/i;
(B) char* s = "abcdefgh     //hijklmn";
(C) //Is it a \
    valid comment?
```

57

　　(D) in/ * … * /t i;

　　我们知道 C 语言里可以有两种注释方式："/ * * /"和"//"。那上面几条注释对不对呢? 建议你亲自在编译器中测试一下。上述前 3 条注释都是正确的,最后一条不正确。

　　(A)中,有人认为编译器剔除掉注释后代码会被解析成 inti,所以不正确。编译器的确会将注释剔除,但不是简单的剔除,而是用空格代替原来的注释。再看一个例子:

/ * 这是 * / # / * 一条 * /define/ * 合法的 * /ID/ * 预处理 * /replacement/ * 指 * /list/ * 令 * /

　　你可以用编译器试试。

　　(B)中,我们知道双引号引起来的都是字符串常量,那双斜杠也不例外。

　　(C)中,这是一条合法的注释,因为"\"是一个接续符。关于接续符,下面还有更多讨论。

　　(D)中,前面说过注释会被空格替换,那这条注释不正确就很好理解了。

　　现在你可以回答前面的问题了吧!

　　但注意,"/ * … * /"这种形式的注释不能嵌套,如:

　　/ * 这是/ * 非法的 * / * /

因为"/ * "总是与离它最近的" * /"匹配。

2.1.2　y = x / * p

　　y = x / * p,这是表示 x 除以 p 指向的内存里的值,把结果赋值为 y? 我们可以在编译器上测试一下,编译器提示出错。

　　实际上,编译器把"/ * "当作一段注释的开始,把"/ * "后面的内容都当作注释内容,直到出现" * /"为止。这个表达式其实只是表示把 x 的值赋给 y,"/ * "后面的内容都当作注释。但是,由于没有找到" * /",所以提示出错。

　　我们可以把上面的表达式修改一下:

　　y = x/ * p 或 y = x/(* p)

　　这样的话,表达式的意思就是 x 除以 p 指向的内存里的值,把结果赋值为 y。

　　也就是说只要斜杠(/)和星号(*)之间没有空格,都会被当作注释的开始。这一点一定要注意。

2.1.3　怎样才能写出出色的注释

　　注释写得出色非常不容易,但是写得糟糕却是人人可为之。糟糕的注释只会帮倒忙。

1. 安息吧，路德维希·凡·贝多芬

在《Code Complete》这本书中，作者记录了这样一个故事：

有位负责维护的程序员半夜被叫起来，去修复一个出了问题的程序。但是程序的原作者已经离职，没有办法联系上他。这个程序员从未接触过这个程序，在仔细检查所有的说明后，他只发现了一条注释，如下：

```
MOV AX 723h  ;R.I.P.L.V.B.
```

这个维护程序员通宵研究这个程序，还是对注释百思不得其解。虽然最后他还是把程序的问题成功排除了，但这个神秘的注释让他耿耿于怀。说明一点：汇编程序的注释是以分号开头。

几个月后，这名程序员在一个会议上遇到了注释的原作者。经过请教后，才明白这条注释的意思：安息吧，路德维希·凡·贝多芬（Rest in peace, Ludwig Van Beethoven）。贝多芬于 1827 年逝世，而 1827 的十六进制正是 723。这真是让人哭笑不得！

2. Windows 大师们用注释讨论天气问题

还有个例子，前些日子 Windows 的源代码曾经泄漏过一部分。人们在看大师们的这部分经典作品时，却发现很多与代码毫无关系的注释：有的注释在讨论天气，有的在讨论明天吃什么，还有的在骂公司和老板。这些注释虽然与代码无关，但总比上面那个让"贝多芬安息"的注释要强些的，至少不会让你抓狂。不过这种事情只有大师们才可以做，你可千万别用注释讨论天气。

3. 出色注释的基本要求

【规则 2 - 1】注释应当准确、易懂，防止有二义性。错误的注释不但无益反而有害。

【规则 2 - 2】边写代码边注释，修改代码的同时修改相应的注释，以保证注释与代码的一致性。不再有用的注释要及时删除。

【规则 2 - 3】注释是对代码的"提示"，而不是文档。程序中的注释应当简单明了，注释太多了会让人眼花缭乱。

【规则 2 - 4】一目了然的语句不加注释。

例如：i＋＋；// i 加 1 ——多余的注释

【规则 2 - 5】对于全局数据（全局变量、常量定义等）必须要加注释。

【规则 2 - 6】注释采用英文，尽量避免在注释中使用缩写，特别是不常用的缩写。

因为不一定所有的编译器都能显示中文，所以别人打开你的代码，你的注释也许是一团乱码。还有，你的代码不一定是懂中文的人阅读。

【规则 2 - 7】注释的位置应与被描述的代码相邻，可以与语句在同一行，也

可以在上行,但不可放在下方。同一结构中不同域的注释要对齐。

【规则 2-8】当代码比较长,特别是有多重嵌套时,应当在一些段落的结束处加注释,便于阅读。

【规则 2-9】注释的缩进要与代码的缩进一致。

【规则 2-10】注释代码段时应注重"为何做(why)",而不是"怎么做(how)"。

说明怎么做的注释一般停留在编程语言的层次,而不是为了说明问题。尽力阐述"怎么做"的注释一般没有告诉我们操作的意图,而指明"怎么做"的注释通常是冗余的。

【规则 2-11】数值的单位一定要注释。

注释应该说明某数值的单位到底是什么意思,比如,关于长度的必须说明单位是毫米、米还是千米等;关于时间的必须说明单位是时、分、秒还是毫秒等。

【规则 2-12】对变量的范围给出注释,尤其是参数。

【规则 2-13】对一系列的数字编号给出注释,尤其在编写底层驱动程序的时候(比如引脚编号)。

【规则 2-14】对于函数的入口/出口数据、条件语句、分支语句给出注释。

条件和分支语句往往是程序实现某一特定功能的关键。对于维护人员来说,良好的注释能帮助更好地理解程序,有时甚至优于看设计文档。

关于函数的注释在函数那章(第 6 章)有更详细的讨论。

【规则 2-15】避免在一行代码或表达式的中间插入注释。

除非必要,不应在代码或表达中间插入注释,否则容易使代码可理解性变差。

【建议 2-16】复杂的函数中,在分支语句、循环语句结束之后需要适当的注释,方便区分各分支或循环体。

```
while (condition)
{
    statement1;

    if (condition)
    {
        for (condition)
        {
            Statement2;
        }//end "for(condition)"
    }
    else
    {
```

```
        statement3;
    }//"end if (condition)"


        statement4
}//end "while (condition)"
```

【规则 2 – 17】对于不需要被编译的区域要使用条件编译来实现,例如,使用带有注释的 #if 或 #ifdef 结构。

由于 C 语言不支持嵌套注释,所以使用注释符达到这个目的是不安全的,而且任何在该区域已经存在的注释符都可能会影响最终结果。

例如:

```
void example_code( void )
{
        Needless treatment1; // section1 should be eliminated
        Needless treatment2; // section2 should be eliminated
}
```

如果使用注释符进行注释,将会得到下面的结果:

```
void example_code( void )
{
        / *
        Needless treatment1; // section1 should be eliminated
        Needless treatment2; // section2 should be eliminated
        * /
}
```

使用编译器进行编译,可能会得到下面的结果:

```
Needless treatment1; // section1 should be eliminated
Warning[7]: Nested comment found without using the -C option
Error[98]: Primary expression expected
Errors: 1
Warnings: 1
```

但不排除个别编译器仅得到警告而可以编译通过的可能。

使用条件编译语句进行注释:

```
void example_code( void )
{
        #if 0 // delete start by <author> for needless <date>
        Needless treatment1; // section1 should be eliminated
        Needless treatment2; // section2 should be eliminated
        #endif // delete end by <author> for needless <date>
```

C语言深度解剖（第3版）

```
}
```

这样的结果不但不会产生任何警告或错误,而且可以添加注释,方便跟踪。对于#ifdef 的用法,多用于调试代码或可配置代码,此处不再赘述。

2.2　接续符和转义符

C语言里以反斜杠(\)表示断行。编译器会将反斜杠剔除掉,跟在反斜杠后面的字符自动接续到前一行。但是注意:反斜杠之后不能有空格,反斜杠的下一行之前也不能有空格。当然你可以测试一下加了空格之后的效果。我们看看下面的例子:

```
//这是一条合法的\
单行注释


/\
/这是一条合法的单行注释


#def\
ine MAC\
RO 这是一条合法的\\
宏定义


cha\
r * s = "这是一个合法的\\
n 字符串";
```

反斜杠除了可以被用作接续符外,还能被用作转义字符的开始标识。

常用的转义字符及其含义如表 2.2 所列。

表 2.2　常用的转义字符及其含义

转义字符	含　义
\n	回车换行
\t	横向跳到下一制表位置
\v	竖向跳格
\b	退格
\r	回车
\f	走纸换页
\\	反斜扛符"\"
\'	单引号符

续表 2.2

转义字符	含　义
\a	鸣铃
\ddd	1～3 位八进制数所代表的字符
\xhh	1～2 位十六进制数所代表的字符

广义的讲,C 语言字符集中的任何一个字符均可用转义字符来表示。表2.2 中的\ddd 和\xhh 正是为此而提出的。ddd 和 hh 分别为八进制和十六进制的 ASCII 代码,如,\102 表示字母"B",\134 表示反斜线,\x0A 表示换行等。

2.3　单引号、双引号

我们知道双引号引起来的都是字符串常量,单引号引起来的都是字符常量。但初学者还是容易弄错这两点,比如:'a'和"a"完全不一样,在内存里前者占 1 字节,后者占 2 字节。关于字符串常量在指针和数组那章(第 4 章)将有更多的讨论。

这两个例子还好理解,再看看这三个:1,'1',"1"。

第 1 个是整形常数,32 位系统下占 4 字节;

第 2 个是字符常量,占 1 字节;

第 3 个是字符串常量,占 2 字节。

三者表示的意义完全不一样,所占的内存大小也不一样,初学者往往弄错。

字符在内存里是以 ASCAII 码存储的,所以字符常量可以与整形常量或变量进行运算,如:'A'+ 1。

2.4　逻辑运算符

"‖"和"&&"是我们经常用到的逻辑运算符,与按位运算符"|"和"&"是两码事。2.5 节会介绍按位运算符。虽然简单,但毕竟容易犯错。看例子:

```
int i = 0;
int j = 0;
if(( ++ i>0)‖( ++ j>0))
{
    //打印出 i 和 j 的值
}
```

结果:i=1;j=0。

不要惊讶。逻辑运算符"‖"两边的条件只要有一个为真,其结果就为真;逻

C语言深度解剖(第3版)

辑运算符"&&"两边的条件只要有一个结果为假,其结果就为假。if((++i>0)||(++j>0))语句中,先计算(++i>0),发现其结果为真,后面的(++j>0)便不再计算;同样"&&"运算符也要注意这种情况。这是很容易出错的地方,希望读者注意。比如:对于双目运算,函数调用必须是第一个操作数。如下的代码是不允许的:

```
if ( ( a == 3 ) && b++ )
{..}

if ( ( a == 3 ) || b-- )
{..}


if ( ( a == 3 ) || func( ) ) // if (func()|| ( a == 3 ))情况是允许的
{..}
```

2.5 位运算符

C语言中位运算包括下面几种:

    &   按位与
    | 按位或
    ^   按位异或
    ~   取反
    <<   左移
    >>   右移

前4种操作很简单,一般不会出错。但要注意按位运算符"|"和"&"与逻辑运算符"||"和"&&"完全是两码事,别混淆了。其中按位异或操作可以实现不用第3个临时变量交换两个变量的值:a ^= b; b ^= a;a ^= b;但并不推荐这么做,因为这样的代码读起来很费劲。

【规则2-18】位操作需要用宏定义好后再使用。

例如,常用的位操作宏:

```
#define SETBIT(x, y)    ((x) |= (y))
#define CLRBIT(x, y)    ((x) &= ~(y))//要十分小心 y 是否是有符号数
                                     //建议不使用取反操作,而是自己
                                     //计算需要的值,否则非常容易出错
#define TOGLBIT(x, y)   ((x) ^= (y))
#define TESTBIT(x, y)   ((x) & (y))
```

【规则2-19】如果位操作符'~'和'<<'应用于基本类型无符号字符型或无符号短整型的操作数,结果会立即转换成操作数的基本类型。

在整型类型(无符号字符型或无符号短整型)中使用'~'或'<<'位操作时,这些位操作执行时立即发生响应,但输出值的高位可能并非是我们期待的值。

```
uint8_t port = 0x5aU;
uint8_t result_8;
uint16_t result_16;
uint16_t mode;
result_8 = ( ~port ) >> 4;     // not compliant
```

~port 的值在 16 位机器上是 0xffa5,在 32 位机器上则是 0xffffffa5,都不是期待的值 0xfa。通过以下的例子可以避免这个风险,0x0a 是可以得到的。

```
result_8 = ( ( uint8_t )( ~port ) ) >> 4;                    // compliant
result_16 = ( ( uint16_t )( ~( uint16_t )port ) ) >> 4;      // compliant
```

在需要保留高位的整型类型运算中,使用'<<'操作符同样也会存在类似的问题,例如:

```
result_16 = ( ( port << 4 ) & mode ) >> 6;                   // not compliant
```

result_16 值是取决于整型的实际执行空间(与机器字长有关)大小,加相应的处理可以避免这种随机状态的发生。

```
result_16 = ( ( uint16_t )( ( uint16_t )port << 4 ) & mode ) >> 6; // compliant
```

【规则 2 - 20】位运算符不能用于基本类型(underlying type)是有符号的操作数上。

位运算(~、<<、>>、&、^和|)对有符号整数通常会产生不可意料的结果。比如,如果右移运算把符号位移动到数据位上或者左移运算把数据位移动到符号位上,就会产生问题。

当取反或左移操作应用在 unsigned char 或 unsigned short 类型数据上,其运算结果必须要显示地强制转换。

原因:针对 unsigned char 或 unsigned short 类型数据做取反或左移操作,其结果是 signed int 数据类型。其符号位变化后可能就不是你想象的结果了,这也是为什么强制转换是必要的。如下不符合规范的例子,if 将永远是 false,因为~uc 的结果是一个负数。

符合规范的例子:

```
uc = 0x0f;
if((unsigned char)(~uc) >= 0x0f)
```

不符合规范的例子:

```
uc = 0x0f;
```

C语言深度解剖(第3版)

```
if((~uc) > = 0x0f)   /* It is not true */
```

【规则 2 - 21】一元减运算符不能用在基本类型无符号的表达式上,除非在使用之前对两个操作数进行大小判断,且被减数必须大于减数。

把一元减运算符用在基本类型为 unsigned int 或 unsigned long 的表达式上时,会分别产生类型为 unsigned int 或 unsigned long 的结果,这是无意义的操作。把一元减运算符用在无符号短整型的操作数上,根据整数提升的作用它可以产生有意义的有符号结果,但这不是好的方法。

2.5.1 左移和右移

下面讨论一下左移和右移:

左移运算符"<<"是双目运算符,其功能把"<<"左边的运算数的各二进位全部左移若干位,由"<<"右边的数指定移动的位数,高位丢弃,低位补 0。

右移运算符">>"是双目运算符,其功能是把">>"左边的运算数的各二进位全部右移若干位,由">>"右边的数指定移动的位数。但注意:对于有符号数,在右移时,符号位将随同移动。当为正数时,最高位补 0;而为负数时,符号位为 1,最高位是补 0 或是补 1 取决于编译系统的规定。Turbo C 和很多系统规定为补 1。

2.5.2 0x01<<2+3 的值为多少

再看看下面的例子:

```
0x01<<2+3;
```

结果为 7 吗? 测试一下。结果为 32? 别惊讶,32 才是正确答案。因为"+"号的优先级比移位运算符的优先级高(关于运算符的优先级,我并不想在这里做过多的讨论,你几乎可以在任何一本 C 语言书上找到)。好,在 32 位系统下,再把这个例子改写一下:

```
0x01<<2+30;    或  0x01<<2-3;
```

这样行吗? 不行。一个整型数长度为 32 位,左移 32 位发生了什么事情? 溢出! 左移 -1 位呢? 反过来移? 所以,左移和右移的位数是有讲究的。左移和右移的位数不能大于和等于数据的长度,不能小于 0。

2.6 花括号

花括号每个人都见过,很简单吧。但曾经有一个学生问过我如下问题:

```
char  a[10] = {"abcde"};
```

他不理解为什么这个表达式正确。我让他继续改一下这个例子：

```
char    a[10] {  = "abcde"};
```

问他这样行不行。那读者以为呢？为什么？

花括号的作用是什么呢？我们平时写函数，if、while、for、switch 语句等都用到了它，但有时又省略掉了它。简单来说花括号的作用就是打包。试想以前用花括号是不是为了把一些语句或代码打个包包起来，使之形成一个整体，并与外界绝缘。这样理解的话，上面的问题就不是问题了。

2.7 ++、--操作符

这绝对是一对让人头疼的兄弟。先来点简单的：

```
int i = 3;
( ++ i) + ( ++ i) + ( ++ i);
```

表达式的值为多少？15 吗？16 吗？18 吗？其实对于这种情况，C 语言标准并没有作出规定。有的编译器计算出来为 18，因为 i 经过 3 次自加后变为 6，然后 3 个 6 相加得 18；而有的编译器计算出来为 16(比如 Visual C++6.0)，先计算前两个 i 的和，这时候 i 自加两次，2 个 i 的和为 10，然后再加上第 3 次自加的 i 得 16。其实这些没有必要辩论，用到哪个编译器写句代码测试就行了。

++、-- 作为前缀，我们知道是先自加或自减，然后再做别的运算；但是作为后缀时，到底什么时候自加、自减，这是很多初学者迷糊的地方。假设 i=0，看例子：

```
(A) j = (i ++ ,i ++ ,i ++ );
(B) for(i = 0;i<10;i ++ )
    {
        //code
    }
(C) k = (i ++ ) + (i ++ ) + (i ++ );
```

你可以试着计算它们的结果：

(A) 例子为逗号表达式，i 在遇到每个逗号后，认为本计算单位已经结束，i 这时候自加。关于逗号表达式与"++"或"--"的连用，还有一个比较好的例子：

```
int x;
int i = 3;
x = ( ++ i, i ++ , i + 10);
```

问 x 的值为多少？i 的值为多少？

按照上面的讲解，可以很清楚地知道，逗号表达式中，i 在遇到每个逗号后，认为本计算单位已经结束，i 这时候自加。所以，本例子计算完后，i 的值为 5，x 的值为 15。

（B）例子中 i 与 10 进行比较之后，认为本计算单位已经结束，i 这时候自加。

（C）例子中 i 遇到分号才认为本计算单位已经结束，i 这时候自加。

也就是说后缀运算是在本计算单位计算结束之后再自加或自减。C 语言里的计算单位大体分为以上 3 类。

留 1 个问题：

```
int  i = 0;
for(i = 0,printf("First = %d",i);
printf("Second = %d",i),i<10;
i ++ ,printf("Third = %d",i))
{
    printf("Fourth = %d",i);
}
```

打印出什么结果？

2.7.1　++i+++i+++i

上面的例子很简单，那我们把括号去掉看看：

```
int i = 3;
++i +++i +++i;
```

天哪！这到底是什么东西？好，我们先看看 a+++b 和下面哪个表达式相当：

```
(A)a ++   +b;
(B)a +   ++b;
```

2.7.2　贪心法

C 语言有这样一个规则：每一个符号应该包含尽可能多的字符。也就是说，编译器将程序分解成符号的方法是，从左到右一个一个字符的读入，如果该字符可能组成一个符号，那么再读入下一个字符时，判断已经读入的两个字符组成的字符串是否可能是一个符号的组成部分；如果可能，继续读入下一个字符，重复上述判断，直到读入的字符组成的字符串已不再可能组成一个有意义的符号。这个处理的策略被称为"贪心法"。需要注意的是，除了字符串与字符常量，符号的中间不能嵌有空白（空格、制表符、换行符等），比如：==是单个符号，而==

是两个等号。

按照这个规则可能很轻松地判断 a＋＋＋b 表达式与 a＋＋ ＋b 一致,那 ＋＋i＋＋i＋＋i 会被解析成什么样子呢? 希望读者好好研究研究。另外 还可以考虑一下这个表达式的意思:a＋＋＋＋＋b。

2.8 2/(－2)的值是多少

除法运算在小学就掌握了的,这里还要讨论什么呢? 别急,先计算下面这个 例子:2/(－2)的值为多少? 2％(－2)的值呢? 如果与你想象的结果不一致,不 要惊讶。我们先看看下面这些规则。

假定我们让 a 除以 b,商为 q,余数为 r:

```
q = a/b;
r = a%b;
```

这里不妨先假定 b＞0。

我们希望 a、b、q、r 之间维持什么样的关系呢?

① 最重要的一点,我们希望 q＊b ＋ r ＝＝ a,因为这是定义余数的关系。

② 如果我们改变 a 的正负号,希望 q 的符号也随之改变,但 q 的绝对值不 会变。

③ 当 b＞0 时,我们希望保证 r＞＝0 且 r＜b。

这 3 条性质是我们认为整数除法和余数操作所应该具备的。但是,很不幸, 它们不可能同时成立。

先考虑一个简单的例子:3/2,商为 1,余数也为 1。此时,第 1 条性质得到了 满足。

好,把例子稍微改写一下:(－3)/2 的值应该是多少呢? 如果要满足第 2 条 性质,答案应该是－1。但是,如果是这样,余数就必定是－1,这样第 3 条性质就 无法满足了。如果我们首先满足第 3 条性质,即余数是 1,这种情况下根据第 1 条性质,商应该为－2,那么第 2 条性质又无法满足了。

上面的矛盾似乎无法解决。因此,C 语言或者其他语言在实现整数除法截 断运算时,必须放弃上述 3 条性质中的至少 1 条。大多数编程语言选择了放弃 第 3 条,而改为要求余数与被除数的正负号相同,这样性质 1 和性质 2 就可以得 到满足。大多数 C 语言编译器也都是如此。

但是,C 语言的定义只保证了性质 1;当 a＞＝0 且 b＞0 时,保证|r|＜|b|以 及 r＞＝0。后面部分的保证与性质 2 或性质 3 比较起来,限制性要弱得多。

通过上面的解释,你是否能准确算出 2/(－2)和 2％(－2)的值呢?

除法运算和求余运算的除数在计算之前必须判断是否为 0。

原因:除数为 0 会导致错误(一般会产生中断,具体与芯片和操作系统相关)。

符合规范的例子:

```
if(y != 0)
{
    ans = x/y;
}
```

不符合规范的例子:

```
ans = x/y;
```

2.9　运算符的优先级

2.9.1　运算符的优先级表

C 语言的符号众多,由这些符号又组合成了各种各样的运算符。既然是运算符就一定有其特定的优先级,表 2.3 就是 C 语言运算符的优先级表。

表 2.3　C 语言运算符的优先级表

优先级	运算符	名称或含义	使用形式	结合方向	说　明
1	[]	数组下标	数组名[常量表达式]	左到右	
	()	圆括号	(表达式)/函数名(形参表)		
	.	成员选择(对象)	对象.成员名		
	->	成员选择(指针)	对象指针->成员名		
2	-	负号运算符	-表达式	右到左	单目运算符
	(类型)	强制类型转换	(数据类型)表达式		
	++	自增运算符	++变量名/变量名++		单目运算符
	--	自减运算符	--变量名/变量名--		单目运算符
	*	取值运算符	*指针变量		单目运算符
	&	取地址运算符	&变量名		单目运算符
	!	逻辑非运算符	!表达式		单目运算符
	~	按位取反运算符	~表达式		单目运算符
	sizeof	长度运算符	sizeof(表达式)		
3	/	除	表达式/表达式	左到右	双目运算符
	*	乘	表达式*表达式		双目运算符
	%	余数(取模)	整型表达式/整型表达式		双目运算符

续表 2.3

优先级	运算符	名称或含义	使用形式	结合方向	说 明
4	+	加	表达式＋表达式	左到右	双目运算符
	−	减	表达式−表达式		双目运算符
5	≪	左移	变量≪表达式	左到右	双目运算符
	≫	右移	变量≫表达式		双目运算符
6	>	大于	表达式>表达式	左到右	双目运算符
	>=	大于等于	表达式>=表达式		双目运算符
	<	小于	表达式<表达式		双目运算符
	<=	小于等于	表达式<=表达式		双目运算符
7	==	等于	表达式==表达式	左到右	双目运算符
	!=	不等于	表达式!=表达式		双目运算符
8	&	按位与	表达式&表达式	左到右	双目运算符
9	^	按位异或	表达式^表达式	左到右	双目运算符
10	|	按位或	表达式|表达式	左到右	双目运算符
11	&&	逻辑与	表达式&&表达式	左到右	双目运算符
12	||	逻辑或	表达式||表达式	左到右	双目运算符
13	?:	条件运算符	表达式1?表达式2:表达式3	右到左	三目运算符
14	=	赋值运算符	变量=表达式	右到左	
	/=	除后赋值	变量/=表达式		
	*=	乘后赋值	变量*=表达式		
	%=	取模后赋值	变量%=表达式		
	+=	加后赋值	变量+=表达式		
	−=	减后赋值	变量−=表达式		
	≪=	左移后赋值	变量≪=表达式		
	≫=	右移后赋值	变量≫=表达式		
	&=	按位与后赋值	变量&=表达式		
	^=	按位异或后赋值	变量^=表达式		
	|=	按位或后赋值	变量|=表达式		
15	,	逗号运算符	表达式,表达式,…	左到右	从左向右顺序运算

注:同一优先级的运算符,运算次序由结合方向所决定。

表 2.3 不容易记住,其实也用不着死记,用得多、看得多自然就记得了。也有人说不用记这些东西,只要记住乘除法的优先级比加减法高就行了,别的地方一律加上括号。这在你自己写代码的时候,确实可以,但如果是你去阅读和理解

别人的代码呢？别人不一定都加上括号了吧？所以，记住这个表，我个人认为还是很有必要的。

2.9.2　一些容易出错的优先级问题

表 2.3 中，优先级为 1 的几种运算符如果同时出现，那怎么确定表达式的优先级呢？这是很多初学者迷糊的地方。表 2.4 就整理了这些容易出错的情况。

表 2.4　容易出错的情况

优先级问题	表达式	经常误认为的结果	实际结果
. 的优先级高于 * ->操作符用于消除这个问题	* p. f	p 所指对象的字段 f (* p). f	对 p 取 f 偏移，作为指针，然后进行解除引用操作。* (p. f)
[]高于 *	int　* ap[]	ap 是个指向 int 数组的指针 int (* ap)[]	ap 是个元素为 int 指针的数组 int * (ap[])
函数()高于 *	int　* fp()	fp 是个函数指针，所指函数返回 int int (* fp)()	fp 是个函数，返回 int * int * (fp())
==和!=高于位操作	(val & mask != 0)	(val & mask)!= 0	val & (mask != 0)
==和!=高于赋值符	c = getchar() != EOF	(c = getchar())!= EOF	c = (getchar() != EOF)
算术运算符高于位移运算符	msb ≪ 4 + lsb	(msb ≪ 4) + lsb	msb ≪ (4 + lsb)
逗号运算符在所有运算符中优先级最低	i = 1,2	i = (1,2)	(i = 1),2

这些容易出错的情况，希望读者好好在调试器上调试调试，这样印象会深一些。一定要多调试，光靠看代码，水平是很难提上来的。调试代码才是最长水平的。

第 3 章

预处理

往往我说今天上课的内容是预处理时,便有学生质疑:预处理不就是 include 和 define 吗? 这也用得着讲啊? 是的,非常值得讨论,即使是 include 和 define。但是预处理仅限于此吗? 远远不止。先看几个常识性问题:

(A) 预处理是 C 语言的一部分吗?

(B) 包含"♯"号的都是预处理吗?

(C) 预处理指令后面都不需要加";"号吗?

不要急着回答,先看看 ANSI 标准定义的 C 语言预处理指令,见表 3.1。

表 3.1 预处理指令

预处理名称	意 义
♯ define	宏定义
♯ undef	撤销已定义过的宏名
♯ include	使编译程序将另一源文件嵌入到带有 ♯ include 的源文件中
♯ if	♯ if 的一般含义是:如果 ♯ if 后面的常量表达式为 true,则编译它与 ♯ endif 之间的代码,否则跳过这些代码
♯ else	命令 ♯ endif 标识一个 ♯ if 块的结束
♯ elif	♯ else 命令的功能有点像 C 语言中的 else,♯ else 建立另一选择(在 ♯ if 失败的情况下)
♯ endif	♯ elif 命令意义与 else if 相同,它形成一个 if else - if 阶梯状语句,可进行多种编译选择
♯ ifdef	用 ♯ ifdef 与 ♯ ifndef 命令分别表示"如果有定义"与"如果无定义",是条件编译的另一种方法
♯ ifndef	
♯ line	改变当前行数和文件名称,它们是在编译程序中预先定义的标识符命令的基本形式:♯ line number["filename"]
♯ error	编译程序时,只要遇到 ♯ error 就会生成一个编译错误提示消息,并停止编译
♯ pragma	可以设定编译程序完成一些特定的动作(可以通过编译程序的菜单设定,也可以直接写在源代码中),它允许向编译程序传送各种指令。例如,编译程序可能有一种选择,它支持对程序执行的跟踪,可用 ♯ pragma 语句指定一个跟踪选择

另外 ANSI 标准 C 还定义了如下几个宏:

LINE　表示正在编译的文件的行号。

FILE　表示正在编译的文件的名字。

DATE 表示编译时刻的日期字符串,例如:"25 Dec 2007"。

TIME 表示编译时刻的时间字符串,例如:"12:30:55"。

STDC 判断该文件是不是定义成标准 C 程序。

如果编译器不是标准的,则可能仅支持以上宏的一部分,或根本不支持;当然编译器也有可能还提供其他预定义的宏名。注意:宏名的书写由标识符与两边各两条下划线构成。

相信很多初学者,甚至一些有经验的程序员都没有完全掌握这些内容,下面就一一详细讨论这些预处理指令。

3.1 宏定义

3.1.1 数值宏常量

#define 宏定义是个演技非常高超的替身演员,但也会经常耍大牌的,所以我们用它要慎之又慎。它可以出现在代码的任何地方,从本行宏定义开始,以后的代码就都认识这个宏了;也可以把任何东西都定义成宏。因为编译器会在预编译的时候用真身替换替身,所以在我们的代码里面可以常常用替身来帮忙。看例子:

```
#define  PI  3.141592654
```

在此后的代码中你尽可以使用 PI 来代替 3.141 592 654,而且最好就这么做;不然的话,如果我要把 PI 的精度再提高一些,你是否愿意一个一个地去修改这串数呢? 你能保证不漏不出错? 而如果使用 PI 的话,我们就只需要修改一次。这种情况还不是最要命的,我们再看一个例子:

```
#define  ERROR_POWEROFF  -1
```

如果你在代码里不用 ERROR_POWEROFF 这个宏而用-1,尤其在函数返回错误代码的时候(往往开发一个系统需要定义很多错误代码)。恐怕上帝都无法知道-1 表示的是什么意思吧。这个-1,我们一般称为"魔鬼数",上帝遇到它也会发狂的。所以,我奉劝你代码里一定不要出现"魔鬼数"。

第 1 章我们详细讨论了 const 这个关键字,知道 const 修饰的数据是有类型的,而 define 宏定义的数据没有类型。为了安全,我建议你以后在定义一些宏常数的时候用 const 代替,编译器会给 const 修饰的只读变量做类型校验,减少错误的可能。但一定要注意,const 修饰的不是常量而是 readonly 的变量,const 修饰的只读变量不能用来作为定义数组的维数,也不能放在 case 关键字后面,那在 C++里面情况如何呢?

3.1.2　字符串宏常量

除了定义宏常数之外,经常还用来定义字符串,尤其是路径:

(A) #define　ENG_PATH_1　　E:\English\listen_to_this\listen_to_this_3
(B) #define　ENG_PATH_2　　"E:\English\listen_to_this\listen_to_this_3"

到底哪一个正确呢?如果路径太长,一行写下来比较别扭怎么办?用反斜杠接续符:

(C) #define　ENG_PATH_3　　E:\English\listen_to_this\listen\
_to_this_3

还没发现问题?这里用了 4 个反斜杠,到底哪个是接续符?回去看看接续符反斜杠。反斜杠作为接续符时,在本行其后面不能再有任何字符,空格都不行。所以,只有最后一个反斜杠才是接续符。但是请注意:有的系统里规定路径要用双反斜杠"\\",比如:

#define　ENG_PATH_4　　E:\\English\\listen_to_this\\listen_to_this_3

3.1.3　用 define 宏定义注释符号 "?"

上面对 define 的使用都很简单,再看看下面的例子:

#define BSC //
#define BMC /*
#define EMC */
(D) BSC my single - line comment
(E) BMC my multi - line comment EMC

(D)和(E)都错误,为什么呢?因为注释先于预处理指令被处理,当这两行被展开成"//…"或"/ * … * /"时,注释已处理完毕,此时再出现"//…"或"/ * … * /"自然错误。因此,试图用宏开始或结束一段注释是不行的。

3.1.4　用 define 宏定义表达式

这些都好理解,下面来点有"技术含量"的。
定义一年有多少秒:

#define　SEC_A_YEAR　60 * 60 * 24 * 365

这个定义没错吧?很遗憾,很有可能错了,至少不可靠。你有没有考虑过在16 位系统下把这样一个数赋给整型变量的时候可能会发生溢出?一年有多少秒也不可能是负数,修改一下:

#define　SEC_A_YEAR　(60 * 60 * 24 * 365)UL

又出现一个问题,这里的括号到底需不需要呢? 继续看一个例子。

定义一个函数宏,求 x 的平方:

```
#define  SQR(x)  x * x
```

对不对? 试试:假设 x 的值为 10,SQR(x)被替换后变成 10 * 10。没有问题。

再试试:假设 x 的值是个表达式 10+1,SQR(x)被替换后变成 10+1 * 10+1。问题来了,这并不是我想要得到的。怎么办? 括号括起来不就完了?

```
#define  SQR(x)  ((x)*(x))     //这个代码就真的没问题了吗? 请认真考虑考虑
```

最外层的括号最好也别省了,看例子。

求两个数的和:

```
#define  SUM(x)  (x)+(x)
```

如果 x 的值是个表达式 5 * 3,而代码又写成这样:SUM(x) * SUM(x),替换后变成:(5 * 3)+(5 * 3) * (5 * 3)+(5 * 3)。又错了! 所以最外层的括号最好也别省了。我说过 define 是个演技高超的替身演员,但也经常耍大牌。要搞定它其实很简单,别吝啬括号就行了。

注意:函数宏被调用时是以实参代换形参,而不是"值传送"。

留 5 个问题:

(A)上述宏定义中"SUM""SQR"是宏吗?

(B)#define EMPTY

这样定义行吗?

(C)打印上述宏定义的值:

```
printf("SUM(x)");
```

结果是什么?

(D)"#define M 100"是宏定义吗?

(E)下面的宏定义有什么问题? 怎么修正?

```
#define INTI_RECT_VALUE( a, b )\
a = 0;\
b = 0;
```

【规则 3 - 1】C 的宏只能扩展为用大括号括起来的初始化、常量、小括号括起来的表达式、类型限定符、存储类标识符或 do - while - zero 结构(尽量少用此结构)。

这些是宏当中所有可允许使用的形式。存储类标识符和类型限定符包括诸如 extern、static 和 const 这样的关键字。使用任何其他形式的 #define 都可能导致非预期的行为,或者是非常难懂的代码。特别的,宏不能用于定义语句或部分语句。除了 do - while 结构,宏也不能重定义语言的语法。宏的替换列表中的所有括号,不管哪种形式的( )、{ }、[ ],都应该成对出现。

do - while - zero 结构是在宏语句体中唯一可接受的具有完整语句的形式。do - while - zero 结构用于封装语句序列并确保其是正确的。

注意: 在宏语句体的末尾必须省略分号。

【规则 3 - 2】 函数宏的调用不能缺少参数,如果此函数宏有参数的话。

这是一个约束错误,但是预处理器知道并忽略此问题。函数宏中的每个参数的组成必须至少有一个预处理标记,否则其行为是未定义的。

例子:

```
#define    MEDIA_TSTBIT(byte, bit_number)    (0! = ((byte) & (bit_number)))
MEDIA_TSTBIT(1);
```

上述例子可以看出函数宏 MEDIA_TSTBIT(byte, bit_number)本来有两个参数,但在使用的时候却只传入了一个参数,这可能导致其行为是未定义的。

【规则 3 - 3】 传递给函数宏的参数不能包含看似预处理指令的标记。

如果任何参数的行为类似预处理指令,使用宏替代函数时的行为将是不可预期的。

【规则 3 - 4】 在定义函数宏时,每个参数实例都应该以小括号括起来,除非它们做为 # 或 # # 的操作数。

函数宏的定义中,参数应该用小括号括起来。例如,一个 abs 函数可以定义成:

```
#define abs (x) ( ( (x) > = 0 ) ? (x) : - (x) )
```

不能定义成:

```
#define abs (x) ( ( (x) > = 0 ) ? x : - x )
```

如果不坚持本规则,那么当预处理器替代宏进入代码时,操作符优先顺序将不会给出要求的结果。

考虑前面第二个不正确的定义被替代时会发生什么:

```
z = abs (a-b);
```

将给出如下结果:

```
z = ( ( a-b > = 0 ) ? a-b : -a-b );
```

子表达式 $-a-b$ 相当于 $(-a)-b$,而不是希望的 $-(a-b)$。把所有参数都括进小括号中就可以避免这样的问题。

函数宏只能用于需要高运行速度的地方。

原因:函数一般比函数宏安全(比如:函数参数有类型,而函数宏参数没有类型),而且函数宏被替换后将增加代码本身所需的空间,所以,除非非常必要,都需要使用函数。但是函数的调用和返回会消耗时间,所以在需要高运行速度的地方可以使用函数宏来避免这些时间的消耗,提高运行速度。

符合规范的例子:

```
extern void func1(int,int); /* func1: called only once */
#define func2(arg1, arg2) /* func2: called many times */

func1(arg1, arg2);
for (i = 0; i < 10000; i++)
{
    func2(arg1, arg2); /* Speed performance is critical for this process. */
}
```

不符合规范的例子:

```
#define func1(arg1, arg2) /* func1: called only once */
extern void func2(int, int); /* func2: called many times */

func1(arg1, arg2);
for (i = 0; i < 10000; i++)
{
    func2(arg1, arg2); /* Speed performance is critical for this process. */
}
```

【规则3-5】defined 预处理操作符只能使用两种标准形式之一。

defined 预处理操作符的两种可允许的形式为:

```
defined (identifier)
defined identifier
```

任何其他的形式都会导致未定义的行为,比如:

```
#if defined (X > Y) // not compliant - undefined behaviour
```

在#if 或#elif 预处理指令的扩展中,定义的标记也会导致未定义的行为,应该避免。如:

```
#define DEFINED defined
#if DEFINED (X) // not compliant - undefined behaviour
```

3.1.5　宏定义中的空格

另外还有一个问题需要引起注意,看下面例子:

```
#define  SUM  (x)(x)+(x)
```

　　这还是定义的函数宏 SUM(x)吗？显然不是。编译器认为这是定义了一个宏：SUM,其代表的是(x)(x)+(x)。为什么会这样呢？其关键问题还是在于 SUM 后面的这个空格。所以在定义宏的时候一定要注意什么时候该用空格,什么时候不该用空格。这个空格仅在定义的时候有效,在使用这个函数宏的时候,空格会被编译器忽略掉。也就是说,3.1.4 小节定义好的函数宏 SUM(x),在使用的时候在 SUM 和(x)之间留有空格是没问题的,比如：SUM(3)和 SUM　(3)的意思是一样的。

3.1.6　#undef

　　#undef 是用来撤销宏定义的,用法如下：

```
#define  PI  3.141592654
...
// code
#undef  PI
//下面的代码就不能用 PI 了,它已经被撤销了宏定义
```

　　也就是说宏的生命周期从 #define 开始到 #undef 结束。很简单,但是请思考一下这个问题：

```
#define  X  3
#define  Y  X*2
#undef  X
#define  X  2
int z = Y;
```

z 的值为多少？

　　【规则 3-6】宏不能在块中进行 #define 和 #undef。

　　C 语言中,尽管在代码文件中的任何位置放置 #define 或 #undef 是合法的,但把它们放在块中会使人误解为好像它们存在于块作用域。

　　通常,#define 指令要放在接近文件开始的地方,在第一个函数定义之前。而 #undef 指令通常不一定需要。

　　【规则 3-7】不要使用 #undef。

　　通常,#undef 是不需要的。当它出现在代码中时,能使宏的存在或含义产生混乱。

　　【建议 3-8】尽量使用普通的函数,而不要使用"宏定义函数"。可以减少代码空间的占用(ROM 空间)。

　　【规则 3-9】预处理指令中所有宏标识符在使用前都应先定义,除了 #ifdef 和 #ifndef 指令及 defined()操作符。

79

如果试图在预处理指令中使用未经定义的标识符,预处理器有时不会给出
任何警告,但会假定其值为零。♯ifdef、♯ifndef 和 defined()用来测试宏是否存
在并由此进行排除。

例如:

```
♯if x < 0 // x assumed to be zero if not defined
```

在标识符被使用之前要考虑使用 ♯ifdef 进行测试。

注意:预处理标识符可以使用♯define 指令来定义,也可以在编译器调用所
指定的选项中定义,然而更多的是使用♯define 指令。

3.2 条件编译

条件编译的功能使得我们可以按不同的条件去编译不同的程序部分,因而
产生不同的目标代码文件。这对于程序的移植和调试是很有用的。条件编译有
3 种形式,下面分别介绍。

① 第 1 种形式:

```
♯ifdef 标识符
程序段 1
♯else
程序段 2
♯endif
```

它的功能是:如果标识符已被♯define 命令定义过,则对程序段 1 进行编
译;否则对程序段 2 进行编译。如果没有程序段 2(它为空),本格式中的♯else
可以没有,即可以写为:

```
♯ifdef 标识符
程序段
♯endif
```

② 第 2 种形式:

```
♯ifndef 标识符
程序段 1
♯else
程序段 2
♯endif
```

与第 1 种形式的区别是将 ifdef 改为 ifndef。它的功能是:如果标识符未被
♯define 命令定义过,则对程序段 1 进行编译;否则对程序段 2 进行编译。这与
第 1 种形式的功能正相反。

③ 第 3 种形式：

＃if 常量表达式
程序段 1
＃else
程序段 2
＃endif

它的功能是：如果常量表达式的值为真（非 0），则对程序段 1 进行编译；否则对程序段 2 进行编译。因此可以使程序在不同条件下，完成不同的功能。

至于＃elif 命令，意义与 else if 相同，它形成一个 if else－if 阶梯状语句，可进行多种编译选择。

【规则 3－10】所有的＃else、＃elif 和＃endif 预处理指令应该同与它们相关的＃if 或＃ifdef 指令放在相同的文件中。

当语句块的包含和排除是被一系列预处理指令控制时，如果所有相关联的指令没有出现在同一个文件中就会产生混乱。本规则要求所有的预处理指令序列＃if / ＃ifdef…＃elif…＃else…＃endif 应该放在同一个文件中。遵循本规则会保持良好的代码结构并能避免维护性问题。

注意：这并不排除把所有这样的指令放在众多被包含文件中的可能性，只要把与某一序列相关的所有指令放在一个文件中即可。

file.c
```
＃define A
...
＃ifdef A
...
＃ include " file1.h"
＃
＃endif
...
＃ if 1
＃ include " file2.h"
...
EOF
```

file1.h
```
＃ if 1
...
＃ endif                 // compliant
EOF
```

```
file2.h
...
# endif                            // not compliant
```

3.3　文件包含

文件包含是预处理的一个重要功能,它将多个源文件链接成一个源文件进行编译,结果将生成一个目标文件。C语言提供♯include命令来实现文件包含的操作,它实际是宏替换的延伸,有两种格式。

① 格式 1:

```
# include <filename>
```

其中,filename 为要包含的文件名称,用尖括号括起来,也称为头文件,表示预处理到系统规定的路径中去获得这个文件(即 C 编译系统提供的并存放在指定子目录下的头文件)。找到文件后,用文件内容替换该语句。

② 格式 2:

```
# include"filename"
```

其中,filename 为要包含的文件名称。双引号表示预处理应在当前目录中查找文件名为 filename 的文件;若没有找到,则按系统指定的路径信息搜索其他目录。找到文件后,用文件内容替换该语句。

需要强调的一点是:♯include 是将已存在文件的内容嵌入到当前文件中。

另外关于♯include 的路径也有一点要说明:include 支持相对路径,格式如 trackant(蚁迹寻踪)所写:

.代表当前目录,..代表上层目录。

【规则 3 - 11】在 ♯ include 指令的头文件名中不应该出现非标准字符,♯include指令后应该紧接着<filename>或者"filename"形式的头文件。

3.4　♯error 预处理

♯error 预处理指令的作用是:编译程序时,只要遇到♯error 就会生成一个编译错误提示消息,并停止编译。其语法格式为:

```
# error error - message
```

注意,宏串 error - message 不用双引号包围。遇到♯error 指令时,错误信息被显示,可能同时还显示编译程序作者预先定义的其他内容。关于系统所支持的 error - message 信息,请查找相关资料,这里不浪费篇幅来做讨论。

3.5 ♯line 预处理

♯line 的作用是改变当前行数和文件名称，它们是在编译程序中预先定义的标识符。命令的基本形式如下：

```
♯line number["filename"]
```

其中[]内的文件名可以省略。

例如：

```
♯line 30 a.h
```

其中，文件名 a.h 可以省略不写。

这条指令可以改变当前的行号和文件名，例如上面的这条预处理指令就可以改变当前的行号为 30，文件名是 a.h。初看起来似乎没有什么用，不过，它还是有点用的，那就是用在编译器的编写中。我们知道编译器对 C 源码编译的过程中会产生一些中间文件，通过这条指令，可以保证文件名是固定的，不会被这些中间文件代替，有利于分析。

3.6 ♯pragma 预处理

在所有的预处理指令中，♯pragma 指令可能是最复杂的了，它的作用是设定编译器的状态或者是指示编译器完成一些特定的动作。♯pragma 指令对每个编译器给出了一个方法，在保持与 C 和 C++语言完全兼容的情况下，给出主机或操作系统专有的特征。依据定义，编译指示是机器或操作系统专有的，且对于每个编译器都是不同的。其格式一般为：

```
♯pragma para
```

其中 para 为参数，下面来看一些常用的参数。

【规则 3-12】在开发过程中用到的预编译指令♯pragma 要进行统一的管理和维护，要求把所有的预编译指令放到一个文档中，做成一个列表的形式，并且对每条指令进行详细的解释。

不仅要说明它的使用方法、含义、作用，还要说明是在哪个函数里面用到的，等等。总之，是要让别人很全面地了解你的想法，对其他使用者起到一个支持和辅助的作用。当然，如果有预编译指令的删除、修改或者添加操作，都要及时地对这个文档进行更新。

而且由于♯pragma 是与编译器相关的，不同的编译器有不同的定义，所以，在使用过程中需要把它用函数封装起来，或者用宏定义的形式定义好，统一放到一个文件中管理,而不是直接出现在函数里面。这样当编译器更改时,只需要改动一个文件或者相关函数即可。

3.6.1 ♯pragma message

message 参数:message 参数是我最喜欢的一个参数,它能够在编译信息输出窗口中输出相应的信息,这对于源代码信息的控制是非常重要的。其使用方法为:

```
♯pragma message("消息文本")
```

当编译器遇到这条指令时,就在编译输出窗口中将消息文本打印出来。

当我们在程序中定义了许多宏来控制源代码版本的时候,自己有可能都会忘记有没有正确地设置这些宏,此时我们可以用这条指令在编译的时候就进行检查。假设我们希望判断"自己有没有在源代码的什么地方定义了_X86 这个宏",可以用下面的方法:

```
♯ifdef_X86
♯Pragma message("_X86 macro activated!")
♯endif
```

当我们定义了_X86 这个宏以后,应用程序在编译时就会在编译输出窗口里显示"_ X86 macro activated!"。此时,我们就不会因为不记得自己定义的一些特定的宏而抓耳挠腮了。

3.6.2 ♯pragma code_seg

另一个使用比较多的 pragma 参数是 code_seg。格式如下:

```
♯pragma code_seg( ["section-name"[,"section-class"] ] )
```

它能够设置程序中函数代码存放的代码段。当我们开发驱动程序的时候就会使用到它。

3.6.3 ♯pragma once

♯pragma once 是比较常用的。

只要在头文件的最开始加入这条指令就能够保证头文件被编译一次。这条指令实际上在 Visual C++6.0 中就已经有了,但是考虑到兼容性并没有太多地使用它。

3.6.4 ♯pragma hdrstop

♯pragma hdrstop 表示预编译头文件到此为止,后面的头文件不进行预编译。BCB 可以预编译头文件以加快链接的速度,但如果所有头文件都进行预编译又可能占太多磁盘空间,所以使用这个选项排除一些头文件。

有时单元之间有依赖关系,比如单元 A 依赖单元 B,所以单元 B 要先于单元 A 编译。你可以用 ♯pragma startup 指定编译优先级,如果使用了 ♯pragma package(smart_init),BCB 就会根据优先级的大小先后编译。

3.6.5 ♯pragma resource

♯pragma resource " * . dfm"表示把 * . dfm 文件中的资源加入工程。 * . dfm 中包括窗体外观的定义。

3.6.6 ♯pragma warning

```
# pragma warning( disable : 4507 34; once : 4385; error : 164 )
```

等价于:

```
# pragma warning(disable:4507 34)    //不显示 4507 和 34 号警告信息
# pragma warning(once:4385)          //4385 号警告信息仅报告一次
# pragma warning(error:164)          //把 164 号警告信息作为一个错误
```

同时这个 pragma warning 也支持如下格式:

```
# pragma warning( push [ ,n ] )
# pragma warning( pop )
```

这里 n 代表一个警告等级(1~4)。

```
# pragma warning( push )
```

保存所有警告信息现有的警告状态。

```
# pragma warning( push, n)
```

保存所有警告信息现有的警告状态,并且把全局警告等级设定为 n。

```
# pragma warning( pop )
```

向栈中弹出最后一个警告信息,在入栈和出栈之间所作的一切改动取消。

例如:

```
# pragma warning( push )
# pragma warning( disable : 4705 )
# pragma warning( disable : 4706 )
# pragma warning( disable : 4707 )
//…
# pragma warning( pop )
```

在这段代码的最后，重新保存所有的警告信息（包括 4705、4706 和 4707）。

3.6.7　♯pragma comment

```
♯pragma comment(…)
```

该指令将一个注释记录放入一个对象文件或可执行文件中。

常用的 lib 关键字可以帮我们链入一个库文件，比如：

```
♯pragma comment(lib, "user32.lib")
```

该指令用来将 user32.lib 库文件加入到本工程中。

"linker"：将一个链接选项放入目标文件中，可以使用这个指令来代替由命令行传入的或者在开发环境中设置的链接选项，可以指定/include 选项来强制包含某个对象，例如：

```
♯pragma comment(linker, "/include:__mySymbol")
```

3.6.8　♯pragma pack

这里重点讨论内存对齐的问题和♯pragma pack()的使用方法。

什么是内存对齐？先看下面的结构：

```
struct TestStruct1
{
    char c1;
    short s;
    char c2;
    int i;
};
```

假设这个结构的成员在内存中是紧凑排列的，假设 c1 的地址是 0，那么 s 的地址就应该是 1，c2 的地址就是 3，i 的地址就是 4。也就是 c1 地址为 00000000，s 地址为 00000001，c2 地址为 00000003，i 地址为 00000004。

可是，当我们在 Visual C++6.0 中写一个简单的程序时，如下：

```
struct TestStruct1 a;
printf("c1 %p, s %p, c2 %p, i %p\n",
    (unsigned int)(void *)&a.c1 - (unsigned int)(void *)&a,
    (unsigned int)(void *)&a.s - (unsigned int)(void *)&a,
    (unsigned int)(void *)&a.c2 - (unsigned int)(void *)&a,
    (unsigned int)(void *)&a.i - (unsigned int)(void *)&a);
```

运行后输出：

```
c1 00000000, s 00000002, c2 00000004, i 00000008。
```

为什么会这样？这就是内存对齐而导致的问题。

1. 为什么会有内存对齐

字、双字和四字在自然边界上不需要在内存中对齐。对字、双字和四字来说，自然边界分别是偶数地址、可以被 4 整除的地址和可以被 8 整除的地址。无论如何，为了提高程序的性能，数据结构（尤其是栈）应该尽可能地在自然边界上对齐。原因在于，为了访问未对齐的内存，处理器需要做两次内存访问；然而，对齐的内存访问仅需要一次访问。

一个字或双字操作数跨越了 4 字节边界，或者一个四字操作数跨越了 8 字节边界，被认为是未对齐的，从而需要两次总线周期来访问内存。一个字起始地址是奇数但却没有跨越字边界被认为是对齐的，能够在一个总线周期中被访问。某些操作双四字的指令需要内存操作数在自然边界上对齐。如果操作数没有对齐，这些指令将会产生一个通用保护异常。双四字的自然边界是能够被 16 整除的地址。其他的操作双四字的指令允许未对齐的访问（不会产生通用保护异常），然而，需要额外的内存总线周期来访问内存中未对齐的数据。

缺省情况下，编译器默认将结构、栈中的成员数据进行内存对齐。因此，上面的程序输出就变成了：c1 00000000，s 00000002，c2 00000004，i 00000008。编译器将未对齐的成员向后移，将每一个成员都对齐到自然边界上，从而也导致了整个结构的尺寸变大。尽管会牺牲一点空间（成员之间有部分内存空闲），但提高了性能。也正是这个原因，我们不可以断言 sizeof(TestStruct1) 的结果为 8。在这个例子中，sizeof(TestStruct1) 的结果就为 12。

2. 如何避免内存对齐的影响

能不能既达到提高性能的目的，又能节约一点空间呢？有一点小技巧可以使用，比如我们可以将上面的结构改成：

```
struct TestStruct2
{
  char c1;
  char c2;
  short s;
  int i;
};
```

这样一来，每个成员都对齐在其自然边界上，从而避免了编译器自动对齐。在这个例子中，sizeof(TestStruct2) 的值为 8。这个技巧有一个重要的作用，尤其是这个结构作为 API 的一部分提供给第三方开发使用的时候，第三方开发者可能将编译器的默认对齐选项改变，从而造成这个结构在你发行的 DLL 中使用某种对齐方式，而在第三方开发者那里却使用另外一种对齐方式，这将会导致重大问题。

比如,TestStruct1 结构,我们的 DLL 使用默认对齐选项,对齐为:

c1 00000000, s 00000002, c2 00000004, i 00000008, 同时 sizeof(TestStruct1)的值为 12。

而第三方将对齐选项关闭,导致:

c1 00000000, s 00000001, c2 00000003, i 00000004, 同时 sizeof(TestStruct1)的值为 8。

除此之外我们还可以利用 ♯pragma pack()来改变编译器的默认对齐方式(当然一般编译器也提供了一些改变对齐方式的选项,这里不讨论)。

```
♯pragma pack(n)    //编译器将按照 n 字节对齐
♯pragma pack()     //编译器将取消自定义字节对齐方式
```

在 ♯pragma pack(n)和 ♯pragma pack()之间的代码按 n 字节对齐。

但是,成员对齐有一个重要的条件,即每个成员按自己的方式对齐;也就是说虽然指定了按 n 字节对齐,但并不是所有的成员都是以 n 字节对齐。其对齐的规则是:每个成员按其类型的对齐参数(通常是这个类型的大小)和指定对齐参数(这里是 n 字节)中较小的一个对齐,即 $\min(n, sizeof(item))$,并且结构的长度必须为所用过的所有对齐参数的整数倍,不够就补空字节。看如下例子:

```
♯pragma pack(8)
struct TestStruct4
{
    char a;
    long b;
};
struct TestStruct5
{
    char c;
    TestStruct4 d;
    long long e;
};
♯pragma pack()
```

问题:

(A) sizeof(TestStruct5) = ?

(B) TestStruct5 的 c 后面空了几个字节接着是 d?

TestStruct4 中,成员 a 是 1 字节,默认按 1 字节对齐,指定对齐参数为 8,这两个值中取 1,a 按 1 字节对齐;成员 b 是 4 字节,默认是按 4 字节对齐,这时就按 4 字节对齐,所以 sizeof(TestStruct4)应该为 8。

TestStruct5 中,c 和 TestStruct4 中的 a 一样,按 1 字节对齐;而 d 是个结

构,它是 8 字节,它按什么对齐呢? 对于结构来说,它的默认对齐方式就是其所有成员使用的对齐参数中最大的一个,TestStruct4 的就是 4,所以,成员 d 就是按 4 字节对齐。成员 e 是 8 字节,它是默认按 8 字节对齐,和指定的一样,所以它对齐到 8 字节的边界上,这时,已经使用了 12 字节了,所以又添加了 4 字节的空间,从第 16 字节开始放置成员 e。这时,长度为 24,已经可以被 8(成员 e 按 8 字节对齐)整除。这样,一共使用了 24 字节。内存布局如图 3.1 所示(＊表示空闲内存,1 表示使用内存。单位为字节)。

	a	b			
TestStruct4 的内存布局	1***,	1111,			
	c	d.a	d.b		e
TestStruct5 的内存布局	1***,	1***,	1111,	****,	11111111

图 3.1　内存布局

这里有 3 点很重要:

① 每个成员分别按自己的方式对齐,并能最小化长度。

② 复杂类型(如结构)的默认对齐方式是它最长的成员的对齐方式,这样在成员是复杂类型时,可以最小化长度。

③ 对齐后的长度必须是成员中最大的对齐参数的整数倍,这样在处理数组时可以保证每一项都边界对齐。

补充一下,对于数组,比如 char a[3],它的对齐方式和分别写 3 个 char 是一样的,也就是说它还是按 1 字节对齐;如果写为 typedef char Array3[3],Array3 这种类型的对齐方式还是按 1 字节对齐,而不是按它的长度。

但是不论类型是什么,对齐的边界一定是 1、2、4、8、16、32、64…中的一个。

另外,注意 #pragma pack 的其他用法:

```
# pragma pack(push)      //保存当前对齐方式到 packing stack
# pragma pack(push,n)    //等效于
# pragma pack(push)
# pragma pack(n)         //n = 1,2,4,8,16 保存当前对齐方式,设置按 n 字节对齐
# pragma pack(pop)       //packing stack 出栈,并将对齐方式设置为出栈的对齐方式
```

因为结构体和联合体可能包含一些未使用的内存空间,而这些未使用的内存空间的值不确定,所以不能使用 memcmp 函数做比较。所以结构体和联合体只能在相应的成员之间做比较。

符合规范的例子:

```
struct TAG {
    char c;
    long l;
};
```

89

```
struct TAG var1, var2;

void func()
{
    if (var1.c == var2.c && var1.l == var2.l)
    {
        ...
    }
}
```

不符合规范的例子：

```
struct TAG {
    char c;
    long l;
};

struct TAG var1, var2;

void func()
{
    if (memcmp(&var1, &var2, sizeof(var1)) == 0)
    {
        ...
    }
}
```

3.7 "#"运算符

"#"也是预处理？是的，你可以这么认为。那怎么用它呢？别急，先看下面
例子：

```
#define SQR(x)  printf("The square of  x  is %d.\n", ((x) * (x)));
```

如果这样使用宏：

```
SQR(8);
```

则输出为：

```
The square of  x  is 64.
```

注意到没有，引号中的字符 x 被当作普通文本来处理，而不是被当作一个可

以被替换的语言符号。

　　假如你确实希望在字符串中包含宏参数,那我们就可以使用"#",它可以把语言符号转化为字符串。上面的例子改一改:

```
#define SQR(x)  printf("The square of  "#x"  is %d.\n",((x)*(x)));
```

再使用:

```
SQR(8);
```

则输出的是:

```
The square of  8  is 64.
```

很简单吧? 相信你现在已经明白"#"的使用方法了。

3.8　"##"预算符

　　和"#"运算符一样,"##"运算符可以用于函数宏的替换部分。这个运算符把两个语言符号组合成单个语言符号。看例子:

```
#define  XNAME(n)  x ## n
```

如果这样使用宏:

```
XNAME(8)
```

则会被展开成这样:

```
x8
```

　　看明白了没? "##"就是个黏合剂,将前后两部分黏合起来。但"##"不能随意粘合任意字符,必须是合法的 C 语言标识符。

　　【规则 3-13】在单一的宏定义中,最多可以出现一次"#"或"##"预处理器操作符。

　　与"#"或"##"预处理器操作符相关的计算次序,如果未被指定则会产生问题。为避免该问题,在单一的宏定义中只能使用其中一种操作符(即一个"#"或一个"##"或都不用)。

　　除非是非常必须,否则应尽量不使用"#"和"##"。

第 **4** 章

指针和数组

几乎每次讲课讲到指针和数组时，我总会反复不停地问学生：到底什么是指针？什么是数组？它们之间到底是什么样的关系？从几乎没人能回答明白到几乎都能回答明白，需要经历一段"惨绝人寰"的痛。

指针是 C/C++的精华，如果未能很好地掌握指针，那 C/C++也基本等于没学。可惜，对于刚毕业的计算机系的学生，几乎没有人真正完全掌握了指针和数组以及内存管理。大学里有一些老师可能并未真正写过多少代码，掌握指针的程度也有限，这样的老师教出来的学生找工作恐怕就有些难度了；而目前市面上大部分的书对指针和数组的区别也是几乎避而不谈，这就更加深了学生掌握的难度。

我平时上课总是非常细致而又小心地向学生讲解这些知识，生怕一不小心就讲错或是误导了学生。还好，至少目前为止，我教过的学生几乎都能掌握指针和数组以及内存管理的要点，当然要做到能运用自如还远远不够，因为这需要大量写代码才能达到。另外需要说明的是，讲课时为了让学生深刻地掌握这些知识，我举了各式各样的例子来帮助学生理解，所以，我也希望读者朋友能好好体味这些例子。

留 3 个问题：

（A）什么是指针？

（B）什么是数组？

（C）指针和数组之间有什么样的关系？

4.1 指 针

4.1.1 指针的内存布局

先看下面的例子：

```
int * p;
```

大家都知道这里定义了一个指针 p，但是 p 到底是什么东西呢？还记得第 1章里说过"任何一种数据类型我们都可以把它当一个模子"吗？p，毫无疑问，是某个模子"咔"出来的。我们也讨论过,任何模子都必须有其特定的大小,这样才能用来"咔咔咔"。那"咔"出 p 的这个模子到底是什么样子呢?它占多大的空间呢?现在用 sizeof 测试一下(32 位系统):sizeof(p)的值为 4。嗯,这说明"咔"出 p 的这个模子大小为 4 字节。显然,这个模子不是"int",虽然它大小也为 4。既然不是"int"那就一定是"int *"了。好,那现在我们可以这么理解这个定义:

一个"int *"类型的模子在内存上"咔"出了 4 字节的空间,然后把这个 4 字节大小的空间命名为 p,同时限定这 4 字节的空间里面只能存储某个内存地址,即使你存入别的任何数据,都将被当作地址处理,而且这个内存地址开始的连续 4 字节上只能存储某个 int 类型的数据。

这是一段咬文嚼字的说明,我们还是用图来解析一下,如图 4.1 所示。

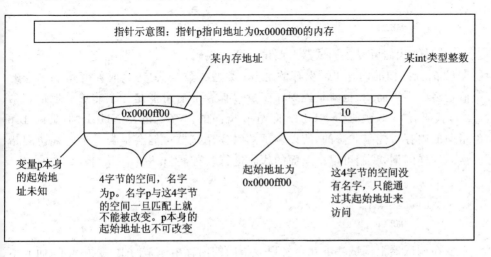

图 4.1　指针示意图

如图 4.1 所示,我们把 p 称为指针变量,p 里存储的内存地址处的内存称为 p 所指向的内存。指针变量 p 里存储的任何数据都将被当作地址来处理。

我们可以简单地这么理解:一个基本的数据类型(包括结构体等自定义类型)加上"*"号就构成了一个指针类型的模子。这个模子的大小是一定的,与"*"号前面的数据类型无关;"*"号前面的数据类型只是说明指针所指向的内存里存储的数据类型。所以,在 32 位系统下,不管什么样的指针类型,其大小都为 4 字节。可以测试一下 sizeof(void *)来进行验证。

4.1.2　"*"与防盗门的钥匙

这里这个"*"号怎么理解呢?举个例子:当你回到家门口时,你想进屋第 1 件事就是拿出钥匙来开锁,试想防盗门的锁芯是不是很像这个"*"号?你要进屋必须要用钥匙,那你去读/写一块内存是不是也要一把钥匙呢?这个"*"号是不是就是我们最好的钥匙?使用指针的时候,没有它,你是不可能读/写某块内存的。

4.1.3　int ＊p＝NULL 和 ＊p＝NULL 有什么区别

很多初学者都无法分清这两者之间的区别。先看下面的代码:

```
int * p = NULL;
```

这时候我们可以通过调试器查看 p 的值为 0x00000000。这句代码的意思是:定义一个指针变量 p,其指向的内存里面保存的是 int 类型的数据;在定义变量 p 的同时把 p 的值设置为 0x00000000,而不是把 ＊p 的值设置为 0x00000000。这个过程叫作初始化,是在编译的时候进行的。

明白了什么是初始化之后,再看下面的代码:

```
int * p;
* p = NULL;
```

同样,我们可以在调试器上调试这两行代码。第 1 行代码,定义了一个指针变量 p,其指向的内存里面保存的是 int 类型的数据;但是这时候变量 p 本身的值是多少不得而知,也就是说现在变量 p 保存的有可能是一个非法的地址。第 2 行代码,给 ＊p 赋值为 NULL,即给 p 指向的内存赋值为 NULL;但是由于 p 指向的内存可能是非法的,所以调试的时候调试器可能会报告一个内存访问错误。这样的话,我们可以把上面的代码进行改写,使 p 指向一块合法的内存:

```
int i = 10;
int * p = &i;
* p = NULL;
```

在调试器上调试一下就会发现 p 指向的内存由原来的 10 变为 0 了;而 p 本身的值,即内存地址并没有改变。

经过上面的分析,相信你已经明白它们之间的区别了。不过这里还有一个问题需要注意,也就是这个 NULL,初学者往往在这里犯错误。

注意,NULL 就是 NULL,它被宏定义为 0:

```
#define NULL 0
```

很多系统下除了有 NULL 外,还有 NUL(Visual C++ 6.0 上提示说不认识 NUL)。NUL 是 ASCII 码表的第 1 个字符,表示的是空字符,其 ASCII 码值为 0;其值虽然都为 0,但表示的意思完全不一样。同样,NULL 和 0 表示的意思也完全不一样。一定不要混淆。

另外有的初学者在使用 NULL 的时候误写成 null 或 Null 等,这些都是不正确的,C 语言对大小写可是十分敏感的。当然,也确实有系统定义了 null,其意思也与 NULL 没有区别,但是你千万不要使用 null,因为这会影响代码的移植性。

4.1.4 如何将数值存储到指定的内存地址

假设现在需要往内存地址 0x12ff7c 上存入一个整型数 0x100,那么怎么才能做到呢? 我们知道可以通过一个指针向其指向的内存地址写入数据,那么这里的内存地址 0x12ff7c 其本质不就是一个指针嘛,所以我们可以用下面的方法:

```
int * p = (int *)0x12ff7c;
* p = 0x100;
```

需要注意的是,将地址 0x12ff7c 赋值给指针变量 p 的时候必须强制转换。这里只选择内存地址 0x12ff7c 而不选择别的地址,比如 0xff00 等,仅仅是为了方便在 Visual C++ 6.0 上测试而已。如果选择 0xff00,那么在执行" * p = 0x100;"这条语句的时候,编译器可能会报告一个内存访问的错误,因为地址 0xff00 处的内存可能你并没有权力去访问。出现一个问题,我们怎么知道一个内存地址是否可以合法地被访问呢? 也就是说怎么知道地址 0x12ff7c 处的内存是可以被访问的呢? 其实这很简单,我们可以先定义一个变量 i,比如:

```
int i = 0;
```

变量 i 所处的内存肯定是可以被访问的;然后在调试器的 Watch 窗口上观察 &i 的值就知道其内存地址了。这里我得到的地址是 0x12ff7c,仅此而已(不同的编译器可能每次给变量 i 分配的内存地址不一样,但 Visual C++ 6.0 刚好每次都一样)。你完全可以给任意一个可以被合法访问的地址赋值,得到这个地址后再把"int i = 0;"这句代码删除,一切"罪证"被销毁得一干二净。

除了这样就没有别的办法了吗? 未必。我们甚至可以直接这么写代码:

```
* (int *)0x12ff7c = 0x100;
```

这行代码其实和上面的两行代码没有本质的区别。先将地址 0x12ff7c 强制转换,告诉编译器这个地址上将存储一个 int 类型的数据;然后通过钥匙" * "向这块内存写入一个数据。

上面讨论了这么多,目的就是告诉大家其实其表达形式并不重要,重要的是这种思维方式,也就是说我们完全有办法给指定的某个内存地址写入数据。

4.1.5 编译器的 bug

另外一个有意思的现象,在 Visual C++ 6.0 中调试如下代码的时候发现一个古怪的问题:

```
int * p = (int *)0x12ff7c;
* p = NULL;
```

C语言深度解剖（第3版）

96

```
p = NULL;
```

在执行完第 2 条代码之后，发现 p 的值变为 0x00000000 了，那么按照我在 4.1.4 小节的解释，应该 p 的值不变，只是 p 指向的内存被赋值为 0。难道讲错了吗？别急，再试试如下代码：

```
int i = 10;
int *p = (int *)0x12ff7c;
*p = NULL;
p = NULL;
```

通过调试，发现这样的话，p 的值并没有变，而是 p 指向的内存的值变为 0 了，这与我们前面讲解的内容完全一致。当然这里 i 的地址刚好是 0x12ff7c，但这并不能改变" *p = NULL;"这行代码的功能。

为了再次测试这个问题，我又调试了如下代码：

```
int i = 10;
int j = 100;
int *p = (int *)0x12ff78;
*p = NULL;
p = NULL;
```

这里 0x12ff78 刚好就是变量 j 的地址。这样的话一切正常，但是如果把"int j = 100;"这行代码删除的话，则会出现上述的问题。测试到这里我还是不甘心，编译器怎么能犯这种低级错误呢，于是又接着进行了如下测试：

```
unsigned int i = 10;
//unsigned int j = 100;
unsigned int *p = (unsigned int *)0x12ff78;
*p = NULL;
p = NULL;
```

得到的结果与上面完全一样。当然，我还是没有死心，又进行了如下测试：

```
char  ch = 10;
char *p = (char *)0x12ff7c;
*p = NULL;
p = NULL;
```

这样的话完全正常。但当我删除第 1 行代码后再测试，这里 p 的值并未变成 0x00000000，而是变成了 0x0012ff00，同时 *p 的值变成了 0，这又是怎么回事呢？初学者是否认为这是编译器"良心发现"，把 *p 的值改写为 0 了？

如果你真这么认为，那就大错特错了。这里的 *p 还是地址 0x12ff7c 上的内容吗？显然不是，而是地址 0x0012ff00 上的内容。至于 0x12ff7c 为什么变成

0x0012ff00,那是因为编译器认为这是把 NULL 赋值给 char 类型的内存,所以只是把指针变量 p 的低地址上的一个字节赋值为 0。至于为什么是低地址,请参看前面讲解过的大小端模式(1.17.1 小节)相关内容。

测试到这里,你是否明白这个问题发生的原因了呢? 你真的认为这是编译器的 bug 吗?

4.1.6　如何达到手中无剑、胸中也无剑的境界

上面的讨论一不小心就这么多了,那么我为什么要把这个小小的问题放到这里长篇大论呢? 因为我想告诉读者:研究问题一定要肯钻研。千万不要小看某一个简单的事情,简单的事情可能富含着很多秘密。经过这样一番深究,相信你也有不少收获。平时学习工作也是如此,不要小瞧任何一件简单的事情,把简单的事情做好也是一种伟大。劳模许振超开了几十年的吊车,技术精到指哪打哪的地步。达到这种程度是需要花苦功夫的,几十年如一日,天天重复这件看似很简单的事情,也不是一般人能做到的。同样,在《天龙八部》中,萧峰血战聚贤庄的时候,一套平平凡凡的太祖长拳打得虎虎生威,在场的英雄无不佩服至极,这也是其苦练的结果。

我们学习工作同样如此,要肯下苦功夫钻研,不要怕钻得深,只怕钻得不深。其实这也就是为什么同一个班的学生,水平会相差非常大的原因所在。学得好的,往往是那些懂得钻研的学生。我平时上课教学生的绝不仅仅是知识点,更多的时候我在教他们学习和解决问题的方法,有时候这个过程远比结论要重要的多。

后面的内容,你也应该能看出来,我非常注重过程的分析,只有真正明白了这些思考问题、解决问题的方法和过程,你才能真正立于不败之地。这时,所有的问题对你来说都是一个样,没有本质的区别。解决任何问题的办法也都一致,那就是把没见过的、不会的问题想方设法转换成你见过的、你会的问题;至于怎么去转换那就要靠你的苦学苦练了。也就是说你要达到手中无剑、胸中也无剑的境界。

当然这些只是我个人的领悟,写在这里希望能与君共勉。

4.2　数　组

4.2.1　数组的内存布局

先看下面的例子:

```
int a[5];
```

所有人都明白这里定义了一个数组,其包含了 5 个 int 型的数据。我们可以用 a[0]、a[1]等来访问数组里面的每一个元素,那么这些元素的名字就是 a[0]、a[1]……吗? 看看图 4.2 的内容。

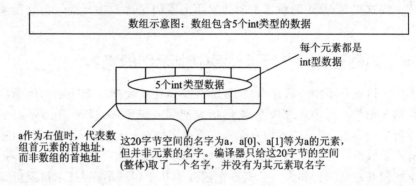

图 4.2 数组示意图

如图 4.2 所示,当我们定义一个数组 a 时,编译器根据指定的元素个数和元素类型分配确定大小(元素类型大小×元素个数)的一块内存,并把这块内存的名字命名为 a。名字 a 一旦与这块内存匹配就不能被改变。a[0]、a[1]等为 a 的元素,但并非元素的名字,数组的每一个元素都是没有名字的。那现在再来回答第 1 章讲解 sizeof 关键字(1.5.2 小节)时的几个问题:

sizeof(a)的值为 sizeof(int) * 5,32 位系统下为 20。

sizeof(a[0])的值为 sizeof(int),32 位系统下为 4。

sizeof(a[5])的值在 32 位系统下为 4,并没有出错,为什么呢? 我们讲过 sizeof 是关键字不是函数。函数求值是在运行的时候,而关键字 sizeof 求值是在编译的时候。虽然并不存在 a[5]这个元素,但是这里也并没有去真正访问 a[5],而是仅仅根据数组元素的类型来确定其值。因此这里使用 a[5]并不会出错。

sizeof(&a[0])的值在 32 位系统下为 4,这很好理解,取元素 a[0]的首地址。

sizeof(&a)的值在 32 位系统下也为 4,这也很好理解,取数组 a 的首地址。但是在 Visual C++6.0 上,这个值为 20,我认为是错误的。

定义数组时,其元素个数不能是变量。

原因:(1) 变量太大的话,数组元素个数太大会导致栈溢出。

(2) C 标准未定义变量(非正数)作为数组元素个数的行为,其结果不可预知。

(3) 误解数组的大小。比如:

```
int y = 10;
typedef int INTARRAY[y];
y = 20;
```

```
INTARRAY z; /* Array size of z is 10, and not 20. */
```

符合规范的例子：

```
#define MAX 1024
void func(void)
{
    int a[MAX]; /* Compliant Secured an array of largest length */
}
```

不符合规范的例子：

```
void func(int n)
{
    int a[n]; /* Non - compliant Variable length array */
}
```

4.2.2　省政府和市政府的区别——&a[0]和 &a 的区别

这里 &a[0]和 &a 到底有什么区别呢？a[0]是一个元素，a 是整个数组，虽然 &a[0]和 &a 的值一样，但其意义不一样。前者是数组首元素的首地址，而后者是数组的首地址。举个例子：湖南的省政府在长沙，而长沙的市政府也在长沙。两个政府都在长沙，但其代表的意义完全不同。这里也是同一个意思。

4.2.3　数组名 a 作为左值和右值的区别

简单而言，出现在赋值符"="右边的就是右值，出现在赋值符"="左边的就是左值。比如，x＝y。

左值：在这个上下文环境中，编译器认为 x 的含义是 x 所代表的地址。这个地址只有编译器知道，在编译的时候确定，编译器在一个特定的区域保存这个地址，我们完全不必考虑这个地址保存在哪里。

右值：在这个上下文环境中，编译器认为 y 的含义是 y 所代表的地址里面的内容。这个内容是什么，只有到运行时才知道。

C 语言引入一个术语——"可修改的左值"。意思就是，出现在赋值符左边的符号所代表的地址上的内容一定是可以被修改的。换句话说，就是我们只能给非只读变量赋值。

既然已经明白左值和右值的区别，那么下面就讨论一下数组作为左值和右值的情况。

当 a 作为右值的时候代表的是什么意思呢？很多书认为是数组的首地址，其实这是非常错误的。a 作为右值时其意义与 &a[0]是一样的，代表的是数组首元素的首地址，而不是数组的首地址（用在表达式 sizof(a)中时，a 表示的是数组名,此时 a 并没有被用作右值),这是两码事。但是注意,这仅仅是代表,并没有一个地方(这只是简单地这么认为,其具体实现细节不做过多讨论)来存储这个地址,也就是说编译器并没有为数组 a 分配一块内存来存储其地址,这一点就与指针有很大的差别。

a 作为右值,我们清楚了其含义,那作为左值呢?

a 不能作为左值! 这个错误几乎每一个学生都犯过。编译器会认为数组名作为左值代表的意思是 a 的首元素的首地址,但是这个地址开始的一块内存是一个总体,我们只能访问数组的某个元素,而无法把数组当一个总体进行访问。所以我们可以把 a[i] 当左值,而无法把 a 当左值。其实我们完全可以把 a 当作一个普通的变量来看,只不过这个变量内部分为很多小块,只能通过分别访问这些小块来达到访问整个变量 a 的目的。

4.3 指针和数组之间的恩恩怨怨

很多初学者弄不清指针和数组到底有什么样的关系,我现在就告诉你:它们之间没有任何关系,只是它们经常穿着相似的衣服来逗你玩罢了。

指针就是指针,指针变量在 32 位系统下,永远占 4 字节,其值为某一个内存的地址。指针可以指向任何地方,但是不是任何地方你都能通过这个指针变量访问到呢?

数组就是数组,其大小与元素的类型和个数有关;定义数组时必须指定其元素的类型和个数;数组可以存任何类型的数据,但不能存函数。

既然它们之间没有任何关系,那为何很多人经常把数组和指针混淆,甚至很多人认为指针和数组是一样的呢? 这就与市面上 C 语言的书有关了,很少有书把这个问题讲得透彻,讲得明白。

4.3.1 以指针的形式访问和以下标的形式访问

下面我们就详细讨论讨论它们之间似是而非的一些特点。例如,函数内部有如下定义:

(A) char * p = "abcdef";
(B) char a[] = "123456";

1. 以指针的形式访问指针和以下标的形式访问指针

例子(A)定义了一个指针变量 p,p 本身在栈上占 4 字节,p 里存储的是一块内存的首地址。这块内存在静态区,其空间大小为 7 字节,这块内存也没有名字,对这块内存的访问完全是匿名的访问。如果现在需要读取字符'e',我们有两种方式:

① 以指针的形式：*（p＋4）。先取出 p 里存储的地址值，假设为 0x0000ff00；再加上 4 个字符的偏移量，得到新的地址 0x0000ff04；然后取出 0x0000ff04 地址上的值。

② 以下标的形式：p[4]。编译器总是把以下标的形式的操作解析为以指针的形式的操作。p[4]这个操作会被解析成：先取出 p 里存储的地址值；再加上中括号中 4 个元素的偏移量，计算出新的地址；然后从新的地址中取出值。也就是说，以下标的形式访问在本质上与以指针的形式访问没有区别，只是写法上不同罢了。

2. 以指针的形式访问数组和以下标的形式访问数组

例子(B)定义了一个数组 a，a 拥有 7 个 char 类型的元素，其空间大小为 7。数组 a 本身在栈上面。对 a 的元素的访问必须先根据数组的名字 a 找到数组首元素的首地址，然后根据偏移量找到相应的值。这是一种典型的"具名＋匿名"访问。如果现在需要读取字符'5'，我们有两种方式：

① 以指针的形式：*（a＋4）。a 这时候代表的是数组首元素的首地址，假设为 0x0000ff00；再加上 4 个字符的偏移量，得到新的地址 0x0000ff04；然后取出 0x0000ff04 地址上的值。

② 以下标的形式：a[4]。编译器总是把以下标的形式的操作解析为以指针的形式的操作。a[4]这个操作会被解析成：a 作为数组首元素的首地址；再加上中括号内 4 个元素的偏移量，计算出新的地址；然后从新的地址中取出值。

由上面的分析我们可以看到，指针和数组根本就是两个完全不一样的东西。只是它们都可以"以指针的形式"或"以下标的形式"进行访问。一个是完全的匿名访问，一个是典型的"具名＋匿名"访问。一定要注意的是"以 XXX 的形式的访问"这种表达方式。

另外一个需要强调的是：上面所说的偏移量 4 代表的是 4 个元素，而不是 4 字节；只不过这里刚好是 char 类型数据，1 个字符的大小就为 1 字节。记住这个偏移量的单位是元素的个数而不是字节数，在计算新地址时千万别弄错了。

4.3.2　a 和 &a 的区别

通过上面的分析，相信你已经明白指针和数组的访问方式了，下面再看这个例子：

```
main()
{
    int a[5] = {1,2,3,4,5};
    int * ptr = (int *)(&a + 1);
    printf("% d,% d",*(a + 1),*(ptr - 1));
}
```

打印出来的值为多少呢？这里主要是考查关于指针加减操作的理解。

对指针进行加 1 操作,得到的是下一个元素的地址,而不是原有地址值直接加 1。所以,一个类型为 T 的指针的移动,以 sizeof(T) 为移动单位。因此,对上题来说,a 是一个一维数组,数组中有 5 个元素;ptr 是一个 int 型的指针。

&a + 1:取数组 a 的首地址,该地址的值加上 sizeof(a) 的值,即:&a + 5 * sizeof(int),也就是下一个数组的首地址,显然当前指针已经越过了数组的界限。

(int *)(&a+1):则是把上一步计算出来的地址,强制转换为 int * 类型,赋值给 ptr。

*(a+1):a 和 &a 的值是一样的,但意思不一样,a 是数组首元素的首地址,也就是 a[0] 的首地址,&a 是数组的首地址。a+1 是数组下一元素的首地址,即 a[1] 的首地址;&a+1 是下一个数组的首地址,所以输出 2。

*(ptr−1):因为 ptr 是指向 a[5],并且 ptr 是 int * 类型,所以 *(ptr−1) 是指向 a[4],输出 5。

这些分析我相信大家都能理解,但是在授课时,学生向我提出了如下问题:

在 Visual C++ 6.0 的 Watch 窗口中,&a+1 的值怎么会是 x0012ff6d (0x0012ff6c+1)呢?

图 4.3 是在 Visual C++ 6.0 调试本函数时的 Watch 窗口截图。

Name	Value
⊞ a	0x0012ff6c
⊞ &a	0x0012ff6c "上"
⊞ &a+1	0x0012ff6d ""
⊞ a+1	0x0012ff70
*(a+1)	2
*(ptr−1)	5

图 4.3 在 Visual C++ 6.0 调试的 watch 窗口截图

a 在这里代表的是数组首元素的地址即 a[0] 的首地址,其值为 0x0012ff6c。&a 代表的是数组的首地址,其值为 0x0012ff6c。

a+1 的值是 0x0012ff6c+1 * sizeof(int),等于 0x0012ff70。

问题就是 &a+1 的值怎么会是 x0012ff6d(0x0012ff6c+1)呢?

按照我们上面的分析应该为 0x0012ff6c+5 * sizeof(int)。其实很好理解。当你把 &a+1 放到 Watch 窗口中观察其值时,表达式 &a+1 已经脱离其上下文环境,调试器就很简单地把它解析为 &a 的值然后加上 1 字节。而 a+1 的解析就正确,我认为这是 Visual C++ 6.0 的一个 bug。既然如此,我们怎么证明 &a+1 的值确实为 0x0012ff6c+5 * sizeof(int)呢?很好办,用 printf 函数打印出来。这就是我在本书前言里所说的,有的时候我们确实需要 printf 函数才能解决问题。你可以试试用 printf("%x",&a+1)打印其值,看是否为 0x0012ff6c+5 * sizeof(int)。注意如果你用的是 printf("%d",&a+1)打印,那你必须在十进制和十六进制之间换算一下,不要冤枉了编译器。

另外我要强调一点:不到非不得已,尽量别使用 printf 函数,它会使你养成只看结果不问为什么的习惯。比如这个例子, * (a+1)和 * (ptr−1)的值完全可以通过 Watch 窗口来查看。

平时初学者很喜欢用"printf("%d,%d", * (a+1), * (ptr−1));"这类的表达式来直接打印出值,如果发现值是正确的就欢天喜地。这个时候往往认为自己的代码没有问题,根本就不去查看其变量的值,更别说是内存和寄存器的值了。更有甚者,printf 函数打印出来的值不正确,就束手无策,举手问"老师,我这里为什么不对啊?"。长此以往就养成了很不好的习惯,只看结果,不重调试。这就是为什么同样的几年经验,有的人水平很高,而有的人水平却很低。其根本原因就在于此,往往被一些表面现象所迷惑。

printf 函数打印出来的值是对的就能说明你的代码一定没问题吗?我看未必。曾经一个学生,我让其实现直接插入排序算法。很快他就把函数写完了,将值用 printf 函数打印出来给我看,而我看其代码却发现他使用的算法本质上其实是冒泡排序,只是写得像直接插入排序罢了。类似这种情况数都数不过来,往往犯了错误还以为自己是对的。所以我平时上课前往往会强调,不到万不得已,不允许使用 printf 函数,而要自己去查看变量和内存的值。学生喜欢用 printf 函数的习惯也是受到目前市面上的教材、参考书的影响:很多书中花大篇幅来介绍 scanf 和 printf 这类的函数,却几乎不讲解调试技术;甚至有的书还仍在讲 Turbo C 2.0 之类的调试器。

4.3.3 指针和数组的定义与声明

1. 定义为数组,声明为指针

文件 1 中定义如下:

```
chara[100];
```

文件 2 中声明如下(关于 extern 的用法以及定义和声明的区别,请复习第 1 章):

```
extern char * a;
```

这里,文件 1 中定义了数组 a,文件 2 中声明它为指针。这有什么问题吗?平时不是总说指针和数组相似,甚至可以通用吗?但是,很不幸,这是错误的。通过上面的分析我们也能明白一些,但是"革命尚未成功,同志仍需努力"。你或许还记得我上面说过的话:数组就是数组,指针就是指针,它们是完全不同的两码事! 它们之间没有任何关系,只是经常穿着相似的衣服来迷惑你罢了。下面就来分析分析这个问题。

在第 1 章的开始,我就强调了定义和声明之间的区别,定义分配内存,而声明没有。定义只能出现一次,而声明可以出现多次。这里 extern 告诉编译器 a 这个名字已经在别的文件中被定义了,下面的代码使用的名字 a 是别的文件定义的。再回顾 4.2.3 小节中对于左值和右值的讨论,我们知道如果编译器需要某个地址(可能还需要加上偏移量)来执行某种操作的话,它就可以直接通过开锁动作(使用"*"这把钥匙)来读或者写这个地址上的内存,并不需要先去找到储存这个地址的地方。相反,对于指针而言,必须先去找到储存这个地址的地方,取出这个地址值然后对这个地址进行开锁(使用"*"这把钥匙),如图 4.4 所示。

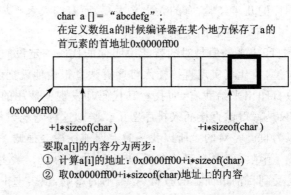

char a [] = "abcdefg";
在定义数组a的时候编译器在某个地方保存了a的
首元素的首地址0x0000ff00

0x0000ff00
　　+1*sizeof(char)　　　　　　+i*sizeof(char)

要取a[i]的内容分为两步:
① 计算a[i]的地址: 0x0000ff00+i*sizeof(char)
② 取0x0000ff00+i*sizeof(char)地址上的内容

图 4.4　钥匙("*")开锁示意图

这就是为什么 extern char a[] 与 extern char a[100] 等价的原因。因为这只是声明,不分配空间,所以编译器无须知道这个数组有多少个元素。这两个声明都告诉编译器 a 是在别的文件中被定义的一个数组,a 同时代表着数组 a 的首元素的首地址,也就是这块内存的起始地址。数组内任何元素的地址都只需要知道这个地址就可以计算出来。

但是,当你声明为 extern char *a 时,编译器理所当然地认为 a 是一个指针变量,在 32 位系统下,占 4 字节。这 4 字节里保存了一个地址,这个地址上存储的是字符类型数据。虽然在文件 1 中,编译器知道 a 是一个数组,但是在文件 2 中,编译器并不知道这点。大多数编译器是按文件分别编译的,编译器只按照本文件中声明的类型来处理。所以,虽然 a 实际大小为 100 字节,但是在文件 2 中,编译器认为 a 只占 4 字节。

我们说过,编译器会把存储在指针变量中的任何数据当作地址来处理。所以,如果需要访问这些字符类型数据,我们必须先从指针变量 a 中取出其保存的地址,如图 4.5 所示。

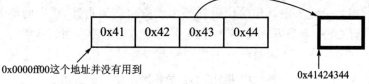

extern char *a;
编译器认为a是一个指针变量,占4字节。假设原数组a中保存了100个字符A、B、C、D
等的ASCII码值,但是在这里,编译器只能看到前4字节的空间

0x0000ff00这个地址并没有用到

0x41424344

① 编译器按int类型的取值方法一次性取出前4字节的值,
得到0x41424344(这里先不考虑大小端存储模式)
② 地址0x41424344上的内容,按照char类型读/写。但是
地址0x41424344可能并非是个有效的地址。退一步,即使
这是个有效的地址,那也不是我们想要的

图 4.5　数组内容解析成地址(指针)示意图

2. 定义为指针,声明为数组

显然,按照上面的分析,我们把文件 1 中定义的数组在文件 2 中声明为指针会发生错误。同样的,如果在文件 1 中定义为指针,而在文件 2 中声明为数组也会发生错误。

文件 1:

char * p = "abcdefg";

文件 2:

extern char p[];

在文件 1 中,编译器分配 4 字节空间,并命名为 p;同时 p 里保存了字符串常量"abcdefg"的首字符的首地址,这个字符串常量本身保存在内存的静态区,其内容不可更改。在文件 2 中,编译器认为 p 是一个数组,其大小为 4 字节,数组内保存的是 char 类型的数据。在文件 2 中使用 p 的过程如图 4.6 所示。

指针p内保存的是字符串常量的地址,假设为0x0000ff00
(这里先不考虑大小端存储模式)

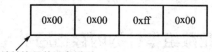

0x00　0x00　0xff　0x00

p本身的地址这里并没有用到

编译器把指针变量p当作一个包含4个char类型数据的数组来使用,
按char类型取出p[0]、p[1]、p[2]、p[3]的值0x00、0x00、0xff、0x00,
但这并非我们所要的某块内存的地址。如果给p[i]赋值则会把原来p
中保持的真正地址覆盖,导致再也无法找到其原来指向的内存

图 4.6　在文件 2 中使用 p 的过程

4.3.4 指针和数组的对比

通过上面的分析,相信你已经知道指针和数组的的确确是两码事了。它们之间是不可以混淆的,但是我们可以"以 XXXX 的形式"访问数组的元素或指针指向的内容。以后一定要确认你的代码在一个地方定义为指针,在别的地方也只能声明为指针;在一个地方定义为数组,在别的地方也只能声明为数组。切记不可混淆。下面再用表 4.1 来总结一下指针和数组的特性。

表 4.1 指针和数组的特性

区别要点	指 针	数 组
存储的内容	保存数据的地址,任何存入指针变量 p 的数据都会被当作地址来处理。p 本身的地址由编译器另外存储,存储在哪里,我们并不知道	保存数据,数组名 a 代表的是数组首元素的首地址,而不是数组的首地址。&a 才是整个数组的首地址。a 本身的地址由编译器另外存储,存储在哪里,我们并不知道
访问数据的方式	间接访问数据,首先取得指针变量 p 的内容,把它作为地址,然后从这个地址提取数据或向这个地址写入数据。指针可以指针的形式访问 *(p+i);也可以下标的形式访问 p[i],但其本质是先取 p 的内容然后加上 i * sizeof(类型)字节作为数据的真正地址	直接访问数据,数组名 a 是整个数组的名字,数组内每个元素并没有名字。只能通过"具名+匿名"的方式来访问其某个元素,不能把数组当一个整体来进行读/写操作。数组可以指针的形式访问 *(a+i);也可以下标的形式访问 a[i],但其本质都是 a 所代表的数组首元素的首地址加上 i * sizeof(类型)字节作为数据的真正地址
常用场合	通常用于动态数据结构	通常用于存储固定数目且数据类型相同的元素
分配删除	相关的函数为 malloc 和 free	隐式分配和删除
变量含义	通常指向匿名数据(当然也可指向具名数据)	自身即为数组名

4.4 指针数组和数组指针

4.4.1 指针数组和数组指针的内存布局

初学者总是分不出指针数组和数组指针的区别,其实这很好理解。

指针数组:首先它是一个数组,数组的元素都是指针,数组占多少字节由数组本身决定。它是"储存指针的数组"的简称。

数组指针:首先它是一个指针,它指向一个数组。在 32 位系统下永远是占 4 字节,至于它指向的数组占多少字节并不知道。它是"指向数组的指针"的简称。

下面到底哪个是数组指针,哪个是指针数组呢?

(A) int   * p1[10];

(B) int   (* p2)[10];

每次上课问这个问题,总有学生弄不清楚。

这里需要明白一个符号之间的优先级问题。"[]"的优先级比" * "要高,p1 先与"[]"结合,构成一个数组的定义,数组名为 p1,int * 修饰的是数组的内容,即数组的每个元素。那现在我们清楚,这是一个数组,其包含 10 个指向 int 类型数据的指针,即指针数组。至于 p2 就更好理解了,这里"()"的优先级比"[]"高," * "号和 p2 构成一个指针的定义,指针变量名为 p2,int 修饰的是数组的内容,即数组的每个元素。数组在这里并没有名字,是个匿名数组。那现在我们清楚 p2 是一个指针,它指向一个包含 10 个 int 类型数据的数组,即数组指针。

我们可以借助图 4.7 加深理解。

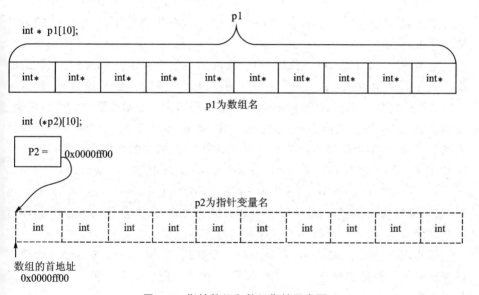

图 4.7 指针数组和数组指针示意图

4.4.2 int (*)[10] p2——也许应该这么定义数组指针

这里有个有意思的话题值得探讨一下:平时我们定义指针都是在数据类型后面加上指针变量名,这个指针 p2 的定义怎么不是按照这个语法来定义的呢?也许我们应该这样来定义 p2:

int   (*)[10]   p2;

int (*)[10]是指针类型,p2 是指针变量。这样看起来的确不错,不过就是样子有些别扭。其实数组指针的原型确实就是这样子的,只不过为了方便与好看把指针变量 p2 前移了而已。你私下完全可以这么理解,虽然编译器并不这么想。

4.4.3　再论 a 和 &a 之间的区别

既然这样,那问题就来了。前面我们讲过 a 和 &a 之间的区别,现在再来看看下面的代码:

```
int  main()
{
    char a[5] = {'A','B','C','D'};
    char ( * p3)[5] = &a;
    char ( * p4)[5] = a;
    return 0;
}
```

上面对 p3 和 p4 的使用,哪个正确呢? p3+1 的值会是什么? p4+1 的值又会是什么?

毫无疑问,p3 和 p4 都是数组指针,指向的是整个数组。&a 是整个数组的首地址,a 是数组首元素的首地址,其值相同但意义不同。在 C 语言里,赋值符号"="两边的数据类型必须是相同的,如果不同则需要显示或隐式的类型转换。p3 这个定义"="两边的数据类型完全一致;而 p4 这个定义"="两边的数据类型就不一致了,左边的类型是指向整个数组的指针,右边的数据类型是指向单个字符的指针。在 Visual C++ 6.0 上给出如下警告:warning C4047:'initializing' : 'char (*)[5]' differs in levels of indirection from 'char * '。还好,这里虽然给出了警告,但由于 &a 和 a 的值一样,而变量作为右值时编译器只是取变量的值,所以运行并没有什么问题。不过我仍然建议你别这么用。

既然现在清楚了 p3 和 p4 都是指向整个数组的,那 p3+1 和 p4+1 的值就很好理解了。但是如果修改一下代码,会有什么问题? p3+1 和 p4+1 的值又是多少呢?

```
int  main()
{
    char a[5] = {'A','B','C','D'};
    char ( * p3)[3] = &a;
    char ( * p4)[3] = a;
    return 0;
}
```

甚至还可以把代码再修改:

```
int   main()
{
   char a[5] = {'A','B','C','D'};
   char ( * p3)[10] = &a;
   char ( * p4)[10] = a;
   return 0;
}
```

这个时候又会有什么样的问题？p3+1 和 p4+1 的值又是多少？

上述几个问题，希望读者能仔细考虑考虑。

4.4.4　地址的强制转换

先看下面这个例子：

```
struct Test
{
   int    Num;
   char   * pcName;
   short  sDate;
   char   cha[2];
   short  sBa[4];
} * p;
```

假设 p 的值为 0x100000，那么下面这些表达式的值分别为多少？

```
p + 0x1 = 0x _____?
(unsigned long)p + 0x1 = 0x _____?
(unsigned int * )p + 0x1 = 0x _____?
```

我相信会有很多人一开始没看明白这个问题是什么意思，其实我们再仔细看看，这个知识点似曾相识。一个指针变量与一个整数相加减，到底该怎么解析呢？

还记得前面我们的表达式"a+1"与"&a+1"之间的区别吗？其实这里也一样。指针变量与一个整数相加减并不是用指针变量里的地址直接加减这个整数，这个整数的单位不是字节而是元素的个数，所以，p + 0x1 的值为 0x100000＋sizeof(Test) * 0x1。至于此结构体的大小为 20 字节，3.6.8 小节已经详细讲解了。最后计算出 p + 0x1 的值为 0x100014。

(unsigned long)p + 0x1 的值呢？这里涉及强制转换，将指针变量 p 保存的值强制转换成无符号的长整型数。任何数值一旦被强制转换，其类型就改变了，所以这个表达式其实就是一个无符号的长整型数加上另一个整数，其值为 0x100001。

(unsigned int *)p + 0x1 的值呢？这里的 p 被强制转换成一个指向无符

号 整 型 的 指 针 , 所 以 其 值 为 : 0x100000 ＋ sizof（unsigned　int）＊ 0x1,
等于0x100004。

上面这个问题似乎还没啥技术含量,下面就来个有技术含量的:在 x86 系统
下,其值为多少?

```
int main()
{
    int a[4] = {1,2,3,4};
    int * ptr1 = (int * )(&a + 1);
    int * ptr2 = (int * )((int)a + 1);
    printf(" % x, % x",ptr1[ - 1], * ptr2);
    return 0;
}
```

这是我讲课时一个学生问我的题,他在网上看到的,据说难倒了 n 个人。我
看题之后告诉他,这些人肯定不懂汇编,一个懂汇编的人,这种题实在是小 case。
下面就来分析分析这个问题。

根据上面的讲解,＆a＋1 与 a＋1 的区别已经清楚。

ptr1:将 ＆a＋1 的值强制转换成 int ＊ 类型,赋值给 int ＊ 类型的变量 ptr
ptr1 肯定指到数组 a 的下一个 int 类型数据了。ptr1[－1]被解析成 ＊（ptr1－
1）,即 ptr1 往后退 4 字节,所以其值为 0x4。

ptr2:按照上面的讲解,(int)a＋1 的值是元素 a[0]的第 2 个字节的地址,然
后把这个地址强制转换成 int ＊ 类型的值赋给 ptr2,也就是说 ＊ ptr2 的值应该为
元素 a[0]的第 2 个字节开始的连续 4 字节的内容。

其内存布局如图 4.8 所示。

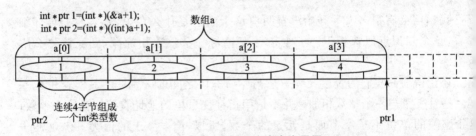

图 4.8　示例程序内存布局图

好,问题就来了,这连续 4 字节里到底存了什么东西呢? 也就是说元素
a[0]、a[1]里面的值到底是怎么存储的? 这就涉及系统的大小端模式了,如果懂
汇编的话,这根本就不是问题。既然不知道当前系统是什么模式,那就得想办法
测试。大小端模式与测试的方法在 1.17 节讲解 union 关键字时已经详细讨论
过,请翻到此处参看,这里就不再详述。我们可以用下面这个函数来测试当前系
统的模式。

```
int checkSystem( )
{
    union check
    {
        int i;
        char ch;
    } c;
    c.i = 1;
    return (c.ch == 1);
}
```

如果当前系统为大端模式,这个函数返回 0;如果为小端模式,函数返回 1。
也就是说如果此函数的返回值为 1 的话,* ptr2 的值为 0x2000000;如果此函数
的返回值为 0 的话,* ptr2 的值为 0x100。

4.5　多维数组和多级指针

多维数组和多级指针也是初学者感觉迷糊的一个地方。超过二维的数组和
超过二级的指针其实并不多用,如果能弄明白二维数组和二级指针,那二维或二
级以上的也不是什么问题了。本节重点讨论二维数组和二级指针。

4.5.1　二维数组

1. 假想中的二维数组布局

我们前面讨论过,数组里面可以存任何数据,除了函数。下面就详细讨论数
组里面存数组的情况。Excel 表,我相信大家都见过。我们平时就可以把二维
数组假想成一个 Excel 表,比如:

```
char a[3][4];
```

假想中的二维数组布局如图 4.9 所示。

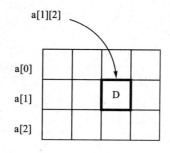

图 4.9　假想中的二维数组布局

2. 内存与尺子的对比

实际上内存不是表状的，而是线性的。见过尺子吧？尺子和我们的内存非常相似。一般尺子上最小刻度为毫米（mm），而内存的最小单位为 1 字节。平时我们说 32 mm，是指以零开始偏移 32 mm；平时我们说内存地址为 0x0000ff00，也是指从内存零地址开始偏移 0x0000ff00 字节。既然内存是线性的，那二维数组在内存里面肯定也是线性存储的。现实中的二维数组布局如图 4.10 所示。

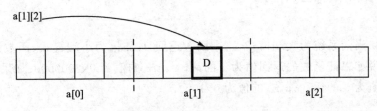

图 4.10　现实中的二维数组布局

以数组下标的方式来访问其中的某个元素：a[i][j]。编译器总是将二维数组看成是一个一维数组，而一维数组的每个元素又都是一个数组。a[3]这个一维数组的 3 个元素分别为：a[0]、a[1]、a[2]；每个元素的大小为 sizeof(a[0])，即 sizof(char) * 4；由此可以计算出 a[0]、a[1]、a[2] 这 3 个元素的首地址分别为 & a[0]、& a[0]+ 1 * sizof(char) * 4、& a[0]+ 2 * sizof(char) * 4，也即 a[i]的首地址为 & a[0]+ i * sizof(char) * 4。这时候再考虑 a[i]里面的内容。就本例而言，a[i]内有 4 个 char 类型的元素，其每个元素的首地址分别为 &a[i]、&a[i]+ * sizof(char)、&a[i]+2 * sizof(char)、&a[i]+3 * sizof(char)，即 a[i][j]的地址为 &a[i]+j * sizof(char)；再把 &a[i]的值用 a 表示，得到 a[i][j]元素的首地址为：a+ i * sizof(char) * 4 + j * sizof(char)；同样，可以换算成以指针的形式表示：* (* (a+i)+j)。

经过上面的讲解，相信你已经掌握了二维数组在内存里面的布局了。下面就看一道题：

```
#include <stdio.h>
int main(int argc,char * argv[])
{
    int a [3][2]={(0,1),(2,3),(4,5)};
    int * p;
    p=a[0];
    printf("%d",p[0]);
}
```

问：打印出来的结果是多少？

很多人都觉得这太简单了，很快就能把答案告诉我：0。不过很可惜，错了，答案应该是1。如果你也认为是0，那你实在应该好好看看这道题。花括号里面嵌套的是小括号，而不是花括号！这里是花括号里面嵌套了逗号表达式，其实这个赋值就相当于 int a[3][2]={1,3,5}。

所以，在初始化二维数组的时候一定要注意，别不小心把应该用的花括号写成小括号了。

3. &p[4][2]－&a[4][2]的值为多少？

上面的问题似乎还比较好理解，下面再看一个例子：

```
int   a[5][5];
int   (*p)[4];
p = a;
```

问：&p[4][2]－&a[4][2]的值为多少？

这个问题似乎非常简单，但是几乎没有人答对。我们可以先写代码测试一下，然后分析一下到底是为什么。在 Visual C++ 6.0 里，测试代码如下：

```
int main()
{
    int a[5][5];
    int (*p)[4];
    p = a;
    printf("a_ptr = %#p,p_ptr = %#p\n",&a[4][2],&p[4][2]);
    printf("%p,%d\n",&p[4][2] - &a[4][2],&p[4][2] - &a[4][2]);
    return 0;
}
```

经过测试，可知 &p[4][2]－&a[4][2]的值为－4。这到底是为什么呢？下面我们就来分析一下。

前面讲过，当数组名 a 作为右值时，代表的是数组首元素的首地址。这里的 为二维数组，我们把数组 a 看作是包含 5 个 int 类型元素的一维数组，里面再 储了一个一维数组。如此，则 a 在这里表示的是 a[0]的首地址；a+1 表示的 一维数组 a 的第 2 个元素；a[4]表示的是一维数组 a 的第 5 个元素，而这个元 里又存储了一个一维数组。所以，&a[4][2]表示的是 &a[0][0]+4*5* zeof(int)+2*sizeof(int)。

根据定义，p 是指向一个包含 4 个元素的数组的指针，也就是说 p+1 表示 是指针 p 向后移动了一个"包含 4 个 int 类型元素的数组"。这里 1 的单位是 指向的空间，即 4*sizeof(int)。所以，p[4]相对于 p[0]来说是向后移动了 4 "包含 4 个 int 类型元素的数组"，即 &p[4]表示的是 &p[0]+4*4*sizeof nt)。由于 p 被初始化为 &a[0]，所以 &p[4][2]表示的是 &a[0][0]+4*4

$*\ sizeof(int) + 2\ *\ sizeof(int)$。

根据上面的讲述,&p[4][2] 和 &a[4][2]的值相差 4 个 int 类型的元素现在,上面测试出来的结果也可以理解了吧,其实我们最简单的办法就是画内存布局图,如图 4.11 所示。

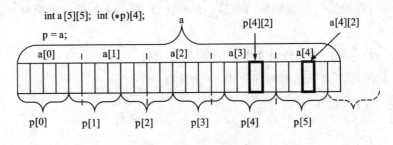

图 4.11　内存布局图

这里最重要的一点就是明白数组指针 p 指向的内存到底是什么,解决这类问题的最好办法就是画内存布局图。

4.5.2　二级指针

二级指针是经常用到的,尤其当它与二维数组在一起的时候更是令人迷糊例如:

```
char   * * p;
```

定义了一个二级指针变量 p。p 是一个指针变量,毫无疑问在 32 位系统下占 4 字节。它与一级指针不同的是,一级指针保存的是数据的地址,二级指针保存的是一级指针的地址。图 4.12 可以帮助理解。

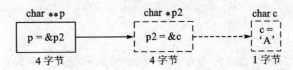

图 4.12　一级指针与二级指针

我们试着给变量 p 初始化:

(A) p = NULL;

(B) char * p2; p = &p2;

任何指针变量都可以被初始化为 NULL(注意是 NULL,不是 NUL,更不是 null),二级指针也不例外,也就是说把指针指向数组的零地址。联想到前面我们把尺子比作内存,如果把内存初始化为 NULL,就相当于把指针指向尺上 0 mm 处,这时候指针没有任何内存可用。

当我们真正需要使用 p 的时候,就必须把一个一级指针的地址保存到 p 中所以(B)的赋值方式也是正确的。

　　给 p 赋值没有问题,但怎么使用 p 呢? 这就需要我们前面多次提到的钥匙(" * ")。

　　第 1 步:根据 p 这个变量,取出它里面存储的地址。

　　第 2 步:找到这个地址所在的内存。

　　第 3 步:用钥匙打开这块内存,取出它里面的地址 * p 的值。

　　第 4 步:找到第 2 次取出的这个地址。

　　第 5 步:用钥匙打开这块内存,取出它里面的内容,这就是我们真正的数据 * * p 的值。

　　我们在这里用了两次钥匙(" * ")才最终取出了真正的数据。也就是说要取出二级指针真正指向的数据,需要使用两次钥匙(" * ")。

　　至于超过二维的数组和超过二级的指针一般使用比较少,而且按照上面的分析方法同样也可以很轻松地分析明白,这里就不再详细讨论。读者有兴趣的话,可以研究研究。

4.6　数组参数和指针参数

　　我们都知道参数分为形参和实参。形参是指声明或定义函数时的参数,而实参是在调用函数时主调函数传递过来的实际值。

4.6.1　一维数组参数

1. 能否向函数传递一个数组

看例子:

```
void fun(char   a[10])
{
    char c = a[3];
}
int main()
{
    char b[10]  =  "abcdefg";
    fun(b[10]);
    return 0;
}
```

　　先看上面的调用,fun(b[10])将 b[10]这个数组传递到 fun 函数。但这样正确吗? b[10]是代表一个数组吗?

　　显然不是,我们知道 b[0]代表的是数组的一个元素,那 b[10]又何尝不是呢？只不过这里数组越界了，这个 b[10] 并不存在。但在编译阶段，编译器并不会真正计算 b[10] 的地址并取值，所以在编译的时候编译器并不认为这样有错误。虽然没有错误，但是编译器仍然给出了两个警告：

```
warning C4047: 'function' : 'char *' differs in levels of indirection from 'char '
warning C4024: 'fun' : different types for formal and actual parameter 1
```

这是什么意思呢？这两个警告告诉我们，函数参数需要的是一个 char * 类型的参数，而实际参数为 char 类型，不匹配。虽然编译器没有给出错误，但是这样运行肯定会有问题，如图 4.13 所示。

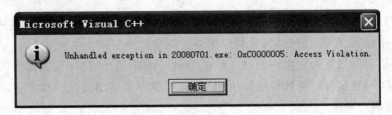

图 4.13 警告提示

这是一个内存异常，我们分析分析其原因。其实这里至少有两个严重的错误。

第 1 点：b[10] 并不存在，在编译的时候由于没有去实际地址取值，所以没有出错；但在运行时，将计算 b[10] 的实际地址并且取值，这时候发生越界错误。

第 2 点：编译器的警告已经告诉我们，编译器需要的是一个 char * 类型的参数，而传递过去的是一个 char 类型的参数，这时候 fun 函数会将传入的 char 类型的数据当作地址处理，同样会发生错误（这点前面已经详细讲解）。

第 1 个错误很好理解，那么第 2 个错误怎么理解呢？fun 函数明明传递的是一个数组，编译器怎么会说是 char * 类型呢？别急，我们先把函数的调用方式改变一下：

```
fun(b);
```

b 是一个数组，现在将数组 b 作为实际参数传递，这下应该没有问题了吧。调试、运行，一切正常，没有问题，收工！很轻易是吧？但是你确认你真正明白了这是怎么回事？数组 b 真地传递到了函数内部？

2. 无法向函数传递一个数组

我们完全可以验证一下：

```
void fun(char a[10])
{
    int i = sizeof(a);
    char c = a[3];
```

```
    }
```

如果数组 b 真正传递到函数内部,那么 i 的值应该为 10。但是我们测试后发现 i 的值竟然为 4! 为什么会这样呢?难道数组 b 真的没有传递到函数内部?是的,确实没有传递过去,因为这样一条规则:

C 语言中,当一维数组作为函数参数的时候,编译器总是把它解析成一个指向其首元素首地址的指针。

这么做是有原因的。在 C 语言中,所有非数组形式的数据实参均以传值形式(对实参做一份备份并传递给被调用的函数,函数不能修改作为实参的实际变量的值,而只能修改传递给它的那份备份)调用。然而,如果要复制整个数组,无论在空间上还是在时间上,其开销都是非常大的。更重要的是,在绝大部分情况下,你其实并不需要整个数组的备份,你只想告诉函数在哪一刻对哪个特定的数组感兴趣。这样的话,为了节省时间和空间,提高程序运行的效率,于是就有了上述的规则。同样的,函数的返回值也不能是一个数组,而只能是指针。这里要明确的一个概念就是:**函数本身是没有类型的,只有函数的返回值才有类型。**因此,在某些书中出现"XXX 类型的函数"这种说法是错误的,一定要注意。

经过上面的解释,相信你已经理解上述的规定以及它的来由。上面编译器给出的提示"函数的参数是一个 char * 类型的指针",这点相信也可以理解。

既然如此,我们完全可以把 fun 函数改写成下面的样子:

```
void fun(char    * p)
{
    char c = p[3];          //或者是 char c = * (p + 3);
}
```

同样,你还可以试试这种样子:

```
void fun(char   a[10])
{
    char c = a[3];
}
int main()
{
    char b[100]  = "abcdefg";
    fun(b);
    return 0;
}
```

运行完全没有问题。实际传递的数组大小与函数形参指定的数组大小没有关系。既然如此,那我们也可以改写成下面的样子:

```
void fun(char   a[ ])
```

```
{
    char c = a[3];
}
```

　　改写成这样或许比较好,至少不会让人误会成只能传递一个包含 10 个元素的数组。

4.6.2　一级指针参数

1. 能否把指针变量本身传递给一个函数

　　我们把 4.6.1 小节讨论的例子再改写一下:

```
void fun(char    * p)
{
    char c = p[3];            //或者是 char c =  * (p + 3);
}
int main()
{
    char * p2 = "abcdefg";
    fun(p2);
    return 0;
}
```

　　这个函数调用真的把 p2 本身传递到了 fun 函数内部吗?

　　我们知道 p2 是 main 函数内的一个局部变量,它只在 main 函数内部有效(这里需要澄清一个问题:main 函数内的变量不是全局变量,而是局部变量,只不过它的生命周期和全局变量一样长而已。全局变量一定是定义在函数外部的。初学者往往弄错这点。)既然它是局部变量,fun 函数肯定无法使用 p2 的真身。那函数调用怎么办? 好办:对实参做一份备份并传递给被调用的函数,即对 p2 做一份备份,假设其备份名为_p2,那传递到函数内部的就是_p2 而并非 p2 本身。

2. 无法把指针变量本身传递给一个函数

　　这很像孙悟空拔下一根猴毛变成自己的样子去忽悠小妖怪,与其类似,fun 函数实际运行时,用到的都是_p2 这个变量而非 p2 本身。如此,我们看下面的例子:

```
void GetMemory(char * p, int num)
{
    p = (char * )malloc(num * sizeof(char));
}
int main()
{
```

```
char * str = NULL;
GetMemory(str,10);
strcpy(str,"hello");
free(str);//free 并没有起作用,内存泄漏
return 0;
}
```

在运行 strcpy(str,"hello")语句的时候发生错误。这时候观察 str 的值,发现仍然为 NULL。也就是说 str 本身并没有改变,我们 malloc 的内存的地址并没有赋给 str,而是赋给了_str。而这个_str 是编译器自动分配和回收的,我们根本就无法使用,所以想这样获取一块内存是不行的。那怎么办? 有两个办法:

① 用 return。

```
char * GetMemory(char * p, int num)
{
  p = (char *)malloc(num * sizeof(char));
  return p;
}
int main()
{
  char * str = NULL;
  str = GetMemory(str,10);
  strcpy(str,"hello");
  free(str);
  return 0;
}
```

这个方法简单,容易理解。
② 用二级指针。

```
void GetMemory(char * * p, int num)
{
  * p = (char *)malloc(num * sizeof(char));
}
int main()
{
  char * str = NULL;
  GetMemory(&str,10);
  strcpy(str,"hello");
  free(str);
  return 0;
}
```

注意，这里的参数是 &str 而非 str。这样的话传递过去的是 str 的地址，是一个值。在函数内部，用钥匙（"＊"）来开锁：＊（&str），其值就是 str。所以，malloc 分配的内存地址是真正赋值给了 str 本身。

另外关于 malloc 和 free 的具体用法，内存管理那章（第 5 章）有详细讨论。

4.6.3　二维数组参数和二级指针参数

前面详细分析了二维数组和二级指针，那它们作为参数时与不作为参数时又有什么区别呢？看例子：

```
void fun(char a[3][4]);
```

我们按照上面的分析，完全可以把 a[3][4] 理解为一个一维数组 a[3]，其每个元素都是一个含有 4 个 char 类型数据的数组。上面的规则："C语言中，当一维数组作为函数参数的时候，编译器总是把它解析成一个指向其首元素首地址的指针。"在这里同样适用，也就是说我们可以把这个函数声明改写为：

```
void fun(char  (＊p)[4]);
```

这里的括号绝对不能省略，这样才能保证编译器把 p 解析为一个指向包含 4 个 char 类型数据元素的数组，即一维数组 a[3] 的元素。

同样，作为参数时，一维数组 "[]" 号内的数字完全可以省略：

```
void fun(char a[ ][4]);
```

不过第 2 维的维数却不可省略，想想为什么不可以省略？

注意：如果把上面提到的声明 void fun(char （＊p)[4]) 中的括号去掉之后声明 "void fun(char ＊p[4])" 可以改写成：

```
void fun(char ＊＊p);
```

这是因为参数 ＊p[4]，对于 p 来说，它是一个包含 4 个指针的一维数组，同样把这个一维数组也改写为指针的形式，那就得到上面的写法。

上面讨论了这么多，那我们把二维数组参数和二级指针参数的等效关系整理一下如表 4.2 所列。

表 4.2　二维数组参数和二级指针参数的等效关系

数组参数	等效的指针参数
数组的数组：char a[3][4]	数组的指针：char （＊p)[10]
指针数组：char ＊a[5]	指针的指针：char ＊＊p

这里需要注意的是：C语言中，当一维数组作为函数参数的时候，编译器总是把它解析成一个指向其首元素首地址的指针。这条规则并不是递归的，也就

是说只有一维数组才是如此,当数组超过一维时,将第一维改写为指向数组首元素首地址的指针之后,后面的维再也不可改写。比如:a[3][4][5]作为参数时可以被改写为(*p)[4][5]。

　　至于超过二维的数组和超过二级的指针,由于本身很少使用,而且按照上面的分析方法也能很好的理解,这里就不再详细讨论。有兴趣的可以好好研究研究。

4.7　函数指针

4.7.1　函数指针的定义

　　顾名思义,函数指针就是函数的指针。它是一个指针,指向一个函数。看例子:

```
(A) char * ( * fun1)(char * p1,char * p2);
(B) char  * fun2(char * p1,char * p2);
(C) char * fun3(char * p1,char * p2);
```

　　看看上面 3 个表达式分别是什么意思?

　　(C):这很容易,fun3 是函数名,p1,p2 是参数,其类型为 char * 型,函数的返回值为 char * 类型。

　　(B):也很简单,与(C)表达式相比,唯一不同的就是函数的返回值类型为char * *,是个二级指针。

　　(A):fun1 是函数名吗? 回忆一下前面讲解数组指针时的情形。我们说数组指针这么定义或许更清晰:

```
int ( * )[10]  p;
```

　　再看看(A)表达式与这里何其相似! 明白了吧。这里 fun1 不是什么函数名,而是一个指针变量,它指向一个函数。这个函数有两个指针类型的参数,函数的返回值也是一个指针。同样,我们把这个表达式改写一下:"char * (*)(char * p1,char * p2) fun1;"这样子是不是好看一些呢? 只可惜编译器不这么想。☺

4.7.2　函数指针的使用

1. 函数指针使用的例子

上面我们定义了一个函数指针,但如何来使用它呢? 先看如下例子:

```
# include <stdio.h>
```

```
#include <string.h>
char * fun(char * p1,char * p2)
{
    int i = 0;
    i = strcmp(p1,p2);
    if (0 == i)
    {
        return p1;
    }
    else
    {
        return p2;
    }
}
int main()
{
    char * ( * pf)(char * p1,char * p2);
    pf = &fun;
    ( * pf) ("aa","bb");
    return 0;
}
```

我们使用指针的时候,需要通过钥匙("＊")来取其指向的内存里面的值,函数指针使用也如此。通过用(＊pf)取出存在这个地址上的函数,然后调用它。这里需要注意的是,在 Visual C++6.0 里,给函数指针赋值时,可以用 &fun 或直接用函数名 fun。这是因为函数名被编译之后其实就是一个地址,所以这里两种用法没有本质的差别。这个例子很简单,就不再详细讨论了。

2. ＊(int ＊)&p——这是什么?

也许上面的例子过于简单,我们看看下面的例子:

```
void Function()
{
    printf("Call  Function! \n");
}
int main()
{
    void ( * p)();
    * (int * )&p = (int)Function;
    ( * p) ();
    return 0;
}
```

这是在干什么？"＊(int＊)&p＝(int)Function;"表示什么意思？别急,先看这行代码:

```
void(＊p)();
```

这行代码定义了一个指针变量 p,p 指向一个函数,这个函数的参数和返回值都是 void。

&p 是求指针变量 p 本身的地址,这是一个 32 位的二进制常数(32 位系统)。

(int＊)&p 表示将地址强制转换成指向 int 类型数据的指针。

(int)Function 表示将函数的入口地址强制转换成 int 类型的数据。

分析到这里,相信你已经明白"＊(int＊)&p＝(int)Function;"表示将函数的入口地址赋值给指针变量 p。

那么,"(＊p)();"就是表示对函数的调用。

讲解到这里,相信你已经明白了:其实函数指针与普通指针没什么差别,只是指向的内容不同而已。

使用函数指针的好处在于,可以将实现同一功能的多个模块统一起来标识,这样一来更容易后期的维护,系统结构更加清晰。或者归纳为:便于分层设计、利于系统抽象、降低耦合度以及使接口与实现分开。

4.7.3　(＊(void(＊)())0)()——这是什么

是不是感觉上面的例子太简单,不够刺激？好,那就来点刺激的,看下面这个例子:

```
(＊(void(＊)())0)();
```

这是《C Traps and Pitfalls》这本经典的书中的一个例子。没有发狂吧？下面我们就来分析分析。

第 1 步:void(＊)(),可以明白这是一个函数指针类型。这个函数没有参数,没有返回值。

第 2 步:(void(＊)())0,这是将 0 强制转换为函数指针类型,0 是一个地址,也就是说一个函数保存在首地址为 0 的一段区域内。

第 3 步:(＊(void(＊)())0),这是取 0 地址开始的一段内存里面的内容,其内容就是保存在首地址为 0 的一段区域内的函数。

第 4 步:(＊(void(＊)())0)(),这是函数调用。

好像还是很简单是吧,上面的例子再改写改写:

```
(＊(char＊＊(＊)(char＊＊,char＊＊))0)(char＊＊,char＊＊);
```

如果没有上面的分析,恐怕不容易把这个表达式看明白吧。不过现在应该是很简单的一件事了，读者以为呢？

4.7.4　函数指针数组

现在我们清楚表达式"char * (* pf)(char * p)"定义的是一个函数指针 pf。既然 pf 是一个指针，那就可以储存在一个数组里。把上式修改一下：

```
char * ( * pf[3])(char * p);
```

这是定义一个函数指针数组。它是一个数组，数组名为 pf，数组内存储了 3 个指向函数的指针。这些指针指向一些返回值类型为指向字符的指针，参数为一个指向字符的指针的函数。这念起来似乎有点拗口，不过不要紧，关键是你明白这是一个指针数组，是数组。

函数指针数组怎么使用呢？这里也给出一个非常简单的例子，只要真正掌握了使用方法，再复杂的问题都可以应对，如下：

```
#include <stdio.h>
#include <string.h>
char * fun1(char * p)
{
    printf("%s\n",p);
    return p;
}
char * fun2(char * p)
{
    printf("%s\n",p);
    return p;
}
char * fun3(char * p)
{
    printf("%s\n",p);
    return p;
}
int main()
{
    char * ( * pf[3])(char * p);
    pf[0] = fun1;           // 可以直接用函数名
    pf[1] = &fun2;          // 可以用函数名加上取地址符
    pf[2] = &fun3;

    pf[0]("fun1");
    pf[1]("fun2");
    pf[2]("fun3");
```

```
    return 0;
}
```

4.7.5　函数指针数组指针

看着这个标题没发狂吧？函数指针就够一般初学者折腾了,函数指针数组就更加麻烦,现在的函数指针数组指针就更难理解了。

其实,没这么复杂。前面详细讨论过数组指针的问题,这里的函数指针数组指针不就是一个指针嘛。只不过这个指针指向一个数组,这个数组里面存的都是指向函数的指针,仅此而已。

下面就定义一个简单的函数指针数组指针：

```
char * ( * ( * pf)[3])(char * p);
```

注意,这里的 pf 和 4.7.4 小节的 pf 就完全是两码事了。4.7.4 小节的 pf 并非指针,而是一个数组名;这里的 pf 确实是实实在在的指针。这个指针指向一个包含了 3 个元素的数组;这个数组里面存的是指向函数的指针;这些指针指向一些返回值类型为指向字符的指针,参数为一个指向字符的指针的函数。这比 4.7.4 小节的函数指针数组更拗口。其实你不用管这么多,明白这是一个指针就 ok 了,其用法与前面讲的数组指针没有差别。下面举一个简单的例子：

```
# include <stdio.h>
# include <string.h>

char * fun1(char * p)
{
    printf(" % s\n",p);
    return p;
}
char * fun2(char * p)
{
    printf(" % s\n",p);
    return p;
}
char * fun3(char * p)
{
    printf(" % s\n",p);
    return p;
}
int main()
{
    char * ( * a[3])(char * p);
```

```
char * ( * ( * pf)[3])(char * p);
pf = &a;
a[0] = fun1;
a[1] = &fun2;
a[2] = &fun3;

pf[0][0]("fun1");
pf[0][1]("fun2");
pf[0][2]("fun3");
return 0;
}
```

第 **5** 章

内存管理

欢迎您进入这片雷区。我欣赏能活着走出这片雷区的高手,但更欣赏"粉身碎骨浑不怕,不留地雷在人间"的勇者。请您不要把这当作一个扫雷游戏,因为没有人能以游戏的心态取胜。

曾经很短暂地使用过一段时间的 C#,头三天特别不习惯,因为没有指针!后来用起来越来越顺手,还是因为没有指针!几天的时间很轻易地写了 1 万多行 C#代码,感觉比用 C 或 C++简单多了。因为你根本就不用去考虑底层的内存管理,也不用考虑内存泄漏的问题,更加不怕"野指针"(有的书叫"悬垂指针")。所有这一切,系统都给你做了,所以可以很轻松地拿来就用。但是 C 或 C++,这一切都必须由你自己来处理,即使经验丰富的老手也免不了犯错。我曾经做过一个项目,软件提交给客户很久之后,客户发现一个很严重的 bug。这个 bug 很少出现,但是一旦出现就是致命的,系统无法启动!这个问题交给我来解决。由于要再现这个 bug 十分困难,按照客户给定的操作步骤根本无法再现。经过大概 2 周时间天天和客户越洋视频之后,终于找到了 bug 的原因——野指针!所以关于内存管理,尤其是野指针的问题,千万千万不要掉以轻心,否则,你会很惨的。

5.1 什么是野指针

那到底什么是野指针呢?怎么去理解这个"野"呢?我们先看别的两个关于"野"的词:

野孩子:没人要,没人管的孩子;行为动作不守规矩,调皮捣蛋的孩子。

野狗:没有主人的狗,没有链子锁着的狗,喜欢四处咬人。

对付野孩子的最好办法是给他定一套规矩,好好管教,一旦发现没有按规矩办事就好好收拾他。对付野狗最好的办法就是拿条狗链锁着它,不让它四处乱跑。

对付野指针恐怕比对付野孩子或野狗更困难。我们需要把对付野孩子和野狗的办法都用上。既需要规矩,也需要链子。

前面我们把内存比作尺子,很轻松地理解了内存。尺子上的 0 mm 处就是内存的 0 地址处,也就是 NULL 地址处。这条栓"野指针"的链子就是这个"NULL"。定义指针变量的同时最好初始化为 NULL,用完指针之后也将指针变量的值设置为 NULL。也就是说除了在使用时,别的时间都把指针"栓"到 0 地址处,这样它就老实了。

5.2　栈、堆和静态区

对于程序员,一般来说,我们可以简单地理解为内存分为 3 个部分:堆、栈和静态区。很多书没有把堆和栈解释清楚,导致初学者总是分不清楚。其实堆栈就是栈,而不是堆。堆的英文是 heap;栈的英文是 stack,也翻译为堆栈。堆和栈都有自己的特性,这里先不做讨论。再打个比方:一层教学楼,可能有外语教室,允许外语系学生和老师进入;还可能有数学教师,允许数学系学生和老师进入;还可能有校长办公室,允许校长进入。同样,内存也是这样,内存的 3 个部分,不是所有的东西都能存进去的。

堆:由 malloc 系列函数或 new 操作符分配的内存。其生命周期由 free 或 delete 决定。在没有释放之前一直存在,直到程序结束。其特点是使用灵活,空间比较大,但容易出错。

栈:保存局部变量。栈上的内容只在函数的范围内存在,当函数运行结束,这些内容也会自动被销毁。其特点是效率高,但空间大小有限。

静态区:保存自动全局变量和 static 变量(包括 static 全局和局部变量)。静态区的内容在整个程序的生命周期内都存在,由编译器在编译的时候分配。

5.3　常见的内存错误及对策

5.3.1　指针没有指向一块合法的内存

定义了指针变量,但是没有为指针分配内存,即指针没有指向一块合法的内存。

浅显的例子就不举了,这里举几个比较隐蔽的例子。

1. 结构体成员指针未初始化

```
struct student
{
    char * name;
    int score;
}stu, * pstu;
int main()
```

```
{
    strcpy(stu.name,"Jimy");
    stu.score = 99;
    return 0;
}
```

很多初学者犯了这个错误还不知道是怎么回事。这里定义了结构体变量 stu,但是他没想到这个结构体内部 char * name,该成员在定义结构体变量 stu 时,只是给 name 这个指针变量本身分配了 4 字节;name 指针并没有指向一个合法的地址,这时候其内部存的只是一些乱码。所以在调用 strcpy 函数时,会将字符串"Jimy"往乱码所指的内存上复制,而这块内存 name 指针根本就无权访问,导致出错。解决的办法是为 name 指针 malloc 一块空间。同样,也有人犯如下错误:

```
int main()
{
    pstu = (struct student * )malloc(sizeof(struct student));
    strcpy(pstu->name,"Jimy");
    pstu->score = 99;
    free(pstu);
    return 0;
}
```

为指针变量 pstu 分配了内存,但是同样没有给 name 指针分配内存。错误与上面第 1 种情况一样,解决的办法也一样。这里用了一个 malloc 给人一种错觉,以为也给 name 指针分配了内存。

2. 没有为结构体指针分配足够的内存

```
int main()
{
    pstu = (struct student * )malloc(sizeof(struct student * ));
    strcpy(pstu->name,"Jimy");
    pstu->score = 99;
    free(pstu);
    return 0;
}
```

为 pstu 分配内存的时候,分配的内存大小不合适。这里把 sizeof(struct student)误写为 sizeof(struct student *)。当然 name 指针同样没有被分配内存。解决办法同上。

3. 函数的入口校验

不管什么时候,我们使用指针之前一定要确保指针是有效的。

一般在函数入口处使用 assert(NULL != p)对参数进行校验。在非参数的地方使用 if(NULL != p)来校验。但这都有一个要求，即 p 在定义的同时被初始化为 NULL。比如上面的例子，使用 if(NULL != p)校验也起不了作用，因为 name 指针并没有被初始化为 NULL，其内部是一个非 NULL 的乱码。

assert 是一个宏，而不是函数，包含在 assert.h 头文件中。如果其后面括号里的值为假，则程序终止运行，并提示出错；如果后面括号里的值为真，则继续运行后面的代码。这个宏只在 Debug 版本上起作用，而在 Release 版本中被编译器完全优化掉，这样就不会影响代码的性能。

有人也许会问，既然在 Release 版本中被编译器完全优化掉，那 Release 版本是不是就完全没有这个参数入口校验了呢？这样的话那不就跟不使用它效果一样吗？

是的，使用 assert 宏的地方在 Release 版本里面确实没有这些校验。但是我们要知道，assert 宏只是帮助我们调试代码用的，它的一切作用就是让我们尽可能地在调试函数的时候把错误排除掉，而不是等到 Release 之后。它本身并没有除错功能。再有一点就是，参数出现错误并非本函数有问题，而是调用者传过来的实参有问题。assert 宏可以帮助我们定位错误，而不是排除错误。

5.3.2 为指针分配的内存太小

为指针分配了内存，但是内存大小不够，导致出现越界错误。

```
char * p1 = "abcdefg";
char * p2 = (char *)malloc(sizeof(char) * strlen(p1));
strcpy(p2,p1);
```

p1 是字符串常量，其长度为 7 个字符，但其所占内存大小为 8 字节。初学者往往忘了字符串常量的结束标志"\0"，这样的话将导致 p1 字符串中最后一个空字符"\0"没有被复制到 p2 中。解决的办法是加上这个字符串结束标志符：

```
char * p2 = (char *)malloc(sizeof(char) * strlen(p1) + 1 * sizeof(char));
```

这里需要注意的是，只有字符串常量才有结束标志符，比如下面这种写法就没有结束标志符了：

```
char a[7] = {'a','b','c','d','e','f','g'};
```

另外，不要因为 char 类型大小为 1 字节就省略 sizof(char)这种写法，这样只会使你的代码可移植性下降。

5.3.3 内存分配成功，但并未初始化

犯这个错误往往是由于没有初始化的概念或者是以为内存分配好之后其值

自然为 0。未初始化指针变量也许看起来不那么严重,但是它确确实实是个非常严重的问题,而且往往出现这种错误很难找到原因。

　　曾经有一个学生在写一个 Windows 程序时,想调用字库的某个字体;而调用这个字库需要填充一个结构体;他很自然地定义了一个结构体变量,然后把他想要的字库代码赋值给了相关的变量。但是,问题就来了,不管怎么调试,他所需要的这种字体效果总是不出来。我在检查了他的代码之后,没有发现什么问题,于是单步调试。在观察这个结构体变量的内存时,发现有几个成员的值为乱码。就是其中某一个乱码惹的祸!因为系统会按照这个结构体中的某些特定成员的值去字库中寻找匹配的字体,当这些值与字库中某种字体的某些项匹配时,就调用这种字体。但是很不幸,正是因为这几个乱码,导致没有找到相匹配的字体!因为系统并无法区分什么数据是乱码,什么数据是有效的数据。只要有数据,系统就理所当然地认为它是有效的。

　　也许这种严重的问题并不多见,但是也绝不能掉以轻心。因此在定义一个变量时,第一件事就是初始化。你可以把它初始化为一个有效的值,比如:

```
int i = 10;
char * p = (char * )malloc(sizeof(char));
```

　　但是往往这个时候我们还不确定这个变量的初值,这样的话可以初始化为 0 或 NULL:

```
int i = 0;
char * p = NULL;
```

　　如果定义的是数组,则可以这样初始化:

```
int a[10] = {0};
```

　　或者用 memset 函数来初始化为 0:

```
memset(a,0,sizeof(a));
```

　　memset 函数有 3 个参数:第 1 个参数是要被设置的内存起始地址;第 2 个参数是要被设置的值;第 3 个参数是要被设置的内存大小,单位为字节。这里并不想过多地讨论 memset 函数的用法,如果想了解更多,请参考相关资料。

　　至于指针变量如果未被初始化,则会导致 if 语句或 assert 宏校验失败。这一点,5.3.1 小节已有分析。

5.3.4　内存越界

　　内存分配成功,且已经初始化,但是操作越过了内存的边界。

　　这种错误经常是由于操作数组或指针时出现“多 1”或“少 1”而出现的,比如:

```
int a[10] = {0};
```

```
for(i = 0; i<= 10; i++)
{
  a[i] = i;
}
```

所以,for 循环的循环变量一定要使用半开半闭的区间,而且如果不是特殊情况,循环变量尽量从 0 开始。

5.3.5 内存泄漏

内存泄漏几乎是很难避免的,不管是老手还是新手,都存在这个问题。甚至包括 Windows、Linux 这类软件,都或多或少有内存泄漏。也许对于一般的应用软件来说,这个问题似乎不是那么突出,重启一下也不会造成太大损失。但是如果你开发的是嵌入式系统软件,比如汽车制动系统、心脏起搏器等对安全要求非常高的系统,你总不能让心脏起搏器重启吧,人家阎王老爷是非常好客的。

会产生泄漏的内存就是堆上的内存(这里不讨论资源、句柄等泄漏情况),也就是说由 malloc 系列函数或 new 操作符分配的内存。如果用完之后没有及时 free 或 delete,这块内存就无法释放,直到整个程序终止。

1. 告老还乡求良田

怎么去理解这个内存分配和释放过程呢? 先看下面这段对话:

万岁爷:爱卿,你为朕立下了汗马功劳,想要何赏赐啊?

某功臣:万岁,黄金白银,臣视之如粪土。臣年岁已老,欲告老还乡。臣乞良田千亩以荫后世,别无他求。

万岁爷:爱卿,你劳苦功高,却仅要如此小赏,朕今天就如你所愿。户部刘侍郎,查看湖广一带是否还有千亩上等良田未曾封赏。

刘侍郎:长沙尚有五万余亩上等良田未曾封赏。

万岁爷:在长沙拨良田千亩封赏爱卿。爱卿,良田千亩,你欲何用啊?

某功臣:谢万岁。长沙一带,适合种水稻,臣想用来种水稻。种水稻需要把田分为一亩一块,方便耕种。

……

2. 如何使用 malloc 函数

不要莫名其妙,其实上面这段小小的对话,就是 malloc 的使用过程。malloc 是一个函数,专门用来从堆上分配内存。使用 malloc 函数需要几个要求:

内存分配给谁? 这里是把良田分配给某功臣。

分配多大内存? 这里是分配一千亩。

是否还有足够内存分配? 这里是还有足够良田分配。

内存将用来存储什么格式的数据,即内存用来做什么? 这里是用来种水稻,需要把田分成一亩一块。

分配好的内存在哪里？这里是在长沙。

如果这 5 点都确定，那内存就能分配。下面先看 malloc 函数的原型：

```
(void *)malloc(int size)
```

malloc 函数的返回值是一个 void 类型的指针，参数为 int 类型数据，即申请分配的内存大小，单位是字节。内存分配成功之后，malloc 函数返回这块内存的首地址，你需要一个指针来接收这个地址。但是由于函数的返回值是 void * 类型的，所以必须强制转换成你所接收的类型。也就是说，这块内存将要用来存储什么类型的数据，比如：

```
char * p = (char * )malloc(100);
```

在堆上分配了 100 字节的内存，返回这块内存的首地址，把地址强制转换成 char * 类型后赋给 char * 类型的指针变量 p；同时告诉我们这块内存将用来存储 char 类型的数据。也就是说你只能通过指针变量 p 来操作这块内存。这块内存本身并没有名字，对它的访问是匿名访问。

上面就是使用 malloc 函数成功分配一块内存的过程。但是，每次你都能分配成功吗？不一定。上面的对话，皇帝让户部侍郎查询是否还有足够的良田未被分配出去。使用 malloc 函数同样要注意这点：如果所申请的内存块大于目前堆上剩余内存块（整块），则内存分配会失败，函数返回 NULL。注意这里说的"堆上剩余内存块"不是所有剩余内存块之和，因为 malloc 函数申请的是连续的一块内存。

既然 malloc 函数申请内存有不成功的可能，那我们在使用指向这块内存的指针时，必须用 if(NULL != p) 语句来验证内存确实分配成功了。

3. 用 malloc 函数申请 0 字节内存

另外还有一个问题：用 malloc 函数申请 0 字节内存会返回 NULL 指针吗？

可以测试一下，也可以去查找关于 malloc 函数的说明文档。申请 0 字节内存，函数并不返回 NULL，而是返回一个正常的内存地址，但是你却无法使用这块大小为 0 的内存。这好比尺子上的某个刻度，刻度本身并没有长度，只有某两个刻度一起才能量出长度。对于这点一定要小心，因为这时候 if(NULL!= p) 语句校验将不起作用。

4. 内存释放

既然有分配，那就必须有释放。不然的话，有限的内存总会用光，而没有释放的内存却在空闲。与 malloc 对应的就是 free 函数了。free 函数只有一个参数，就是所要释放的内存块的首地址，接上例则为：

```
free(p);
```

free 函数看上去挺狠的,但它到底做了什么呢?其实它就做了一件事:斩断指针变量与这块内存的关系。比如上面的例子,我们可以说 malloc 函数分配的内存块是属于 p 的,因为我们对这块内存的访问都需要通过 p 来进行。free 函数就是把这块内存和 p 之间的所有关系斩断,从此 p 和那块内存之间再无瓜葛。至于指针变量 p 本身保存的地址并没有改变,但是它对这个地址处的那块内存却已经没有所有权了。那块被释放的内存里面保存的值也没有改变,只是再也没有办法使用了。

这就是 free 函数的功能。按照上面的分析,如果对 p 连续 2 次以上使用 free 函数,肯定会发生错误。因为第 1 次使用 free 函数时,p 所属的内存已经被释放,第 2 次使用时已经无内存可释放了。关于这点,我上课时让学生记住的是:一定要一夫一妻制,不然肯定出错。malloc 两次、free 一次会内存泄漏;malloc 一次、free 两次肯定会出错。也就是说,在程序中 malloc 的使用次数一定要和 free 相等,否则必有错误。这种错误主要发生在循环使用 malloc 函数时,往往把 malloc 和 free 次数弄错了。

这里留个练习:

写两个函数,一个生成链表,一个释放链表。两个函数的参数都只使用一个表头指针。

5. 内存释放之后

既然使用 free 函数之后指针变量 p 本身保存的地址并没有改变,那我们就需要重新把 p 的值变为 NULL:

```
p = NULL;
```

这个 NULL 就是我们前面所说的"栓野狗的链子",如果你不栓起来迟早会出问题的。比如:在 free(p)之后,你用 if(NULL != p)这样的校验语句还能起作用吗?

例如:

```
char * p = (char *) malloc(100);
strcpy(p, "hello");
free(p);      //p 所指的内存被释放,但是 p 所指的地址仍然不变
...
if (NULL != p)
{
        //没有起到防错作用
  strcpy(p, "world");     //出错
}
```

释放完块内存之后,没有把指针置 NULL,这个指针就成为了"野指针",也

有书叫"悬垂指针"。这是很危险的,而且也是经常出错的地方。所以一定要记住一条:free 完之后,一定要给指针置 NULL。

留 1 个问题:

对 NULL 指针连续 free 多次会出错吗?为什么?如果让你来设计 free 函数,你会怎么处理这个问题?

5.3.6　内存已经被释放了,但是继续通过指针来使用

这里一般有 3 种情况:

① 就是上面所说的,free(p)之后,继续通过 p 指针来访问内存。解决的办法就是给 p 置 NULL。

② 函数返回栈内存,这是初学者最容易犯的错误。比如在函数内部定义了一个数组,却用 return 语句返回指向该数组的指针。解决的办法就是弄明白栈上变量的生命周期。

③ 内存使用太复杂,弄不清到底哪块内存被释放,哪块没有被释放。解决的办法是重新设计程序,改善对象之间的调用关系。

上面详细讨论了常见的 6 种错误及解决对策,希望读者仔细研读,尽量使自己对每种错误发生的原因及预防手段烂熟于胸。一定要多练,多调试代码,同时多总结经验。

第 **6** 章

函　数

什么是函数？为什么需要函数？这两个看似很简单的问题，你能回答清楚吗？

6.1　函数的由来与好处

其实在汇编语言阶段，函数这个概念还是比较模糊的。汇编语言的代码往往就是从入口开始一条一条执行，直到遇到跳转指令（比如 ARM 指令 B、BL、BX、BLX 之类）然后才跳转到目的指令处执行。这个时候所有的代码仅仅是按其将要执行的顺序排列而已。后来人们发现这样写代码非常费劲，容易出错，也不方便。于是想出一个办法，把一些功能相对来说能成为一个整体的代码放到一起打包，通过一些数据接口和外界通信。这就是函数的由来。那函数能给我们带来什么好处呢？简单来说可以概括为以下几点：

① 降低复杂性：使用函数最首要的原因是为了降低程序的复杂性，可以使用函数来隐含信息，从而使你不必再考虑这些信息。

② 避免重复代码段：如果在两个不同函数中的代码很相似，这往往意味着分解工作有误。这时，应该把两个函数中重复的代码都取出来，把公共代码放入一个新的通用函数中，然后再让这两个函数调用新的通用函数。通过使公共代码只出现一次，可以节约许多空间，因为只要在一个地方改动代码就可以了。这时代码也更可靠了。

③ 限制改动带来的影响：在独立区域进行改动，由此带来的影响也只限于一个或最多几个区域中。

④ 隐含顺序：如果程序通常先从用户那里读取数据，然后再从一个文件中读取辅助数据，那么在设计系统时编写一个函数，隐含那个首先执行的信息。

⑤ 改进性能：把代码段放入函数也使得用更快的算法或执行更快的语言（如汇编）来改进这段代码的工作变得容易些。

⑥ 进行集中控制：专门化的函数去读取和改变内部数据内容，也是一种集中的控制形式。

⑦ 隐含数据结构：可以把数据结构的实现细节隐含起来。

⑧ 隐含指针操作：指针操作可读性很差，而且很容易引发错误。通过把它们独立在函数中，可以把注意力集中到操作意图而不是集中到指针操作本身。

⑨ 隐含全局变量：参数传递。

C语言中，函数其实就是一些语句的集合，而语句又是由关键字、符号等元素组成，如果我们把关键字、符号等基本元素弄明白了，那函数不就没有问题了吗？我看未必。真正要编写出高质量的函数来，是非常不容易的。前辈们经过大量的探讨和研究总结出来以下一些通用的规则和建议。

6.2　编码风格

很多人不重视这点，认为无所谓，甚至国内的绝大多数教材也不讨论这个话题，导致学生进入公司后仍要进行编码风格的教育。我接触过很多学生，发现他们由于平时缺乏这种意识，养成了不好的习惯，导致很难改正过来。代码没有注释，变量、函数等命名混乱，过两天自己都看不懂自己的代码。下面是一些我见过的比较好的做法，希望读者能有所收获。

【规则6-1】每一个函数都必须有注释，即使函数短到可能只有几行。头部说明需要包含的内容和次序如下：

```
/********************************************************
*      Function Name           :   nucFindThread
*      Create Date             :   2000/01/07
*      Author/Corporation      :   your name/your company name
*
*      Description             :   Find a proper thread in thread array.
*                                  If it's a new then search an empty.
*
*      Param                   :   ThreadNo：someParam description
*                                  ThreadStatus：someParam description
*
*      Return Code             :   Return Code description,eg:
*                                  ERROR_Fail: not find a thread
*                                  ERROR_SUCCEED: found
*
*      Global Variable         :   DISP_wuiSegmentAppID
*      File Static Variable    :   naucThreadNo
*      Function Static Variable :  None
*
* ------------------------
*      Revision History
*      No.    Date       Revised by     Item      Description
```

```
*    V0.5    2008/01/07   your name     …      …
*********************************************/
static unsigned char nucFindThread(unsigned char ThreadNo,unsigned char
ThreadStatus)
{
    …
}
```

【规则6-2】每个函数定义结束之后以及每个文件结束之后都要加一个或若干个空行。例如：

```
/*************************************************
*    …
* Function1 Description
*    …
*************************************************/
void Function1(…)
{

}
                                //Blank Line
/*************************************************
*
* Function2 Description
*
*************************************************/
void Function2(   )
{
    …
}
                                //Blank Line
/*************************************************
*    …
* Function3 Description
*    …
*************************************************/
void Function3(……)
{
    …
}
                                //Blank Line
```

【规则6-3】在一个函数体内，变量定义与函数语句之间要加空行。例如：

```
/*****************************************************
*    …
* Function Description
*    …
*****************************************************/
void Function1()
{
    int n;
    //Blank Line
    statement1
    ….
}
```

【规则 6-4】逻揖上密切相关的语句之间不加空行,其他地方应加空行分隔。例如:

```
//Blank Line
while (condition)
{
    statement1;
    //Blank Line
    if (condition)
    {
        statement2;
    }
    else
    {
        statement3;
    }
    //Blank Line
    statement4
}
```

【规则 6-5】复杂的函数中,在分支语句、循环语句结束之后需要适当的注释,方便区分各分支或循环体。

```
while (condition)
{
    statement1;
    if (condition)
    {
        for(condition)
        {
```

```
            Statement2;
        }//end "for(condition)"
    }
    else
    {
        statement3;
    }//"end if (condition)"
        statement4
}//end "while (condition)"
```

【规则 6 - 6】修改别人代码的时候不要轻易删除别人的代码，应该用适当的注释方式。例如：

```
while (condition)
{
    statement1;
    /////////////////////////////////////
    //your name , 2008/01/07 delete
    //if (condition)
    //{
    //for(condition)
    //{
    //Statement2;
    //}
    //}
    //else
    //{
    //statement3;
    //}
/////////////////////////////////////
/////////////////////////////////////
// your name , 2000/01/07 add
    ...
    new code
    ...
/////////////////////////////////////
    statement4
}
```

【规则 6 - 7】用缩行显示程序结构，使排版整齐，缩进量统一使用 4 个字符（不使用 TAB 缩进）。

每个编辑器的 TAB 键定义的空格数不一致，若使用 TAB 键可能导致在别的编辑器打开代码时乱成一团。

【规则6-8】在函数体的开始、结构/联合的定义、枚举的定义以及循环、判断等语句中的代码都要采用缩行。

【规则6-9】同层次的代码在同层次的缩进层上,见表6.1。

表6.1 规则6-9代码书写比较

提倡的的风格	不提倡的风格

void Function(int x)
{
　//program code
}
	void Function(int x)
	{
	//program code
	}

struct tagMyStruct
{
　int a;
　int b;
　int c;
};
	struct tagMyStruct{
	　　int a;
	　　int b;
	　　int c;
	};

if (condition)
{
　　//program code
}
else
{
　　//program code
}
	if (condition){
	//program code
	}else{
	//program code
	}

【规则6-10】代码行最大长度宜控制在80个字符以内,较长的语句、表达式等要分成多行书写。

【规则6-11】长表达式要在低优先级操作符处划分新行,操作符放在新行之首(以便突出操作符)。拆分出的新行要进行适当的缩进,使排版整齐,语句可读。例如:

```
if ((very_longer_variable1 >= very_longer_variable12)
    && (very_longer_variable3 <= very_longer_variable14)
    && (very_longer_variable5 <= very_longer_variable16))
    {
        dosomething();
    }
for (very_longer_initialization;
    very_longer_condition;
```

141

```
                    very_longer_update)
        {
            dosomething();
        }
```

【规则 6-12】如果函数中的参数较长，则要进行适当的划分。例如：

```
void function(float very_longer_var1,
              float very_longer_var2,
              float very_longer_var3)
```

【规则 6-13】用正确的反义词组命名具有互斥意义的变量或相反动作的函数等。例如：

```
int aiMinValue;
int aiMaxValue;
int niSet_Value(…);
int niGet_Value(…);
```

【规则 6-14】如果代码行中的运算符比较多，用括号确定表达式的操作顺序，避免使用默认的优先级。例如：

```
leap_year = ((year % 4 == 0) && (year % 100 != 0)) || (year % 400 == 0);
```

【规则 6-15】不要编写太复杂的复合表达式。例如：

```
i = a >= b && c < d && c + f <= g + h;      //复合表达式过于复杂
```

【规则 6-16】不要有多用途的复合表达式。例如：

```
d = (a = b + c) + r;
```

该表达式既求 a 值又求 d 值，应该拆分为两个独立的语句：

```
a = b + c;
d = a + r;
```

【建议 6-17】尽量避免含有否定运算的条件表达式。例如：

```
if (! (num >= 10))
```

应改为：

```
if (num < 10)
```

【规则 6-18】参数的书写要完整，不要贪图省事只写参数的类型而省略参数名字。如果函数没有参数，则用 void 填充。代码比较见表 6.2。

表 6.2　规则 6－18 代码书写比较

提倡的风格	不提倡的风格
void set_value(int width, int height); float get_value(void);	void set_value (int, int); float get_value ();

6.3　函数设计的一般原则和技巧

【规则 6－19】原则上尽量少使用全局变量,因为全局变量的生命周期太长,容易出错,也会长时间占用空间。各个源文件负责本身文件的全局变量,同时提供一对对外函数,方便其他函数使用该函数来访问变量,比如:niSet_ ValueName(…)、niGet_ValueName(…)。不要直接读/写全局变量,尤其是在多线程编程时,必须使用这种方式,并且对读/写操作加锁。

【规则 6－20】参数命名要恰当,顺序要合理。

例如编写字符串拷贝函数 str_copy,它有两个参数。如果把参数名字起为 str1 和 str2,如下:

```
void str_copy (char * str1, char * str2);
```

那么我们很难搞清楚究竟是把 str1 复制到 str2 中,还是刚好倒过来。

可以把参数名字起得更有意义一些,如 strSource 和 strDestination,这样从名字上就可以看出应该把 strSource 复制到 strDestination。

还有一个问题,这两个参数哪一个该在前哪一个该在后? 参数的顺序要遵循程序员的习惯。一般应将目的参数放在前面,源参数放在后面。

如果将函数声明为:

```
void str_copy (char * strSource, char * strDestination);
```

那么别人在使用时可能会不假思索地写成如下形式:

```
char str[20];
str_copy (str, "Hello World"); //参数顺序颠倒
```

【规则 6－21】如果参数是指针,且仅作输入参数用,则应在类型前加 const,以防止该指针在函数体内被意外修改。例如:

```
void str_copy (char * strDestination,const char * strSource);
```

【规则 6－22】不要省略返回值的类型,如果函数没有返回值,那么应声明为 void 类型。如果缺省返回值类型,编译器则默认函数的返回值是 int 类型的。

【规则 6－23】在函数体的“入口处”,对参数的有效性进行检查。尤其是指

针参数,尽量使用 assert 宏做入口校验,而不使用 if 语句校验。关于此问题讨论,详见指针和数组那章(第4章)。

【规则 6 - 24】return 语句不可返回指向"栈内存"的"指针",因为该内存在函数体结束时被自动销毁。例如:

```
char * Func(void)
{
    char str[30];
    ...
    return str;
}
```

str 属于局部变量,位于栈内存中,在 Func 结束的时候被释放,所以返回 str 将导致错误。

【规则 6 - 25】函数的功能要单一,不要设计多用途的函数。微软的 Win32 API 就是违反本规则的典型,其函数往往因为参数不一样而功能不一,导致很多初学者迷惑。

【规则 6 - 26】函数体的规模要小,尽量控制在 80 行代码之内。

【建议 6 - 27】相同的输入应当产生相同的输出。尽量避免函数带有"记忆"功能。

带有"记忆"功能的函数,其行为可能是不可预测的,因为它的行为可能取决于某种"记忆状态"。这样的函数既不易理解又不利于测试和维护。在 C 语言中,函数的 static 局部变量是函数的"记忆"存储器。建议尽量少用 static 局部变量,除非必须。

【建议 6 - 28】避免函数有太多的参数,参数个数尽量控制在 4 个或 4 个以内。如果参数太多,在使用时容易将参数类型或顺序搞错。微软的 Win32 API 就是违反本规则的典型,其函数的参数往往有七八个甚至十余个,比如一个 CreateWindow函数的参数就达 11 个之多。

函数的实参或二元操作表达式中对于有副作用(side effect)的函数或易变对象(volatile variable)的使用不能多于一次。

原因:C 标准没有明确定义函数参数是从左或从右开始处理,不同的编译器对参数的处理顺序不一样,会导致运算结果不一致。

符合规范的例子:

```
1.
extern int G_a;
x = func1();
x += func2();
...
```

```
int func1(void)
{
    G_a += 10;
    ...
}

int func2(void)
{
    G_a -= 10;
    ...
}
```

2.
```
volatile int v;
y = v;
f(y, v);
```

不符合规范的例子：

1.
```
extern int G_a;
x = func1() + func2(); /* With side effect
problem */
...
int func1(void)
{
    G_a += 10;
    ...
}

int func2(void)
{
    G_a -= 10;
    ...
}
```

2.
```
volatile int v;
f(v, v);
```

【建议 6-29】尽量不要使用类型和数目不确定的参数。

C 标准库函数 printf 是采用不确定参数的典型代表，其原型为：

```
int printf(const chat * format[, argument]…);
```

这种风格的函数在编译时丧失了严格的类型安全检查。

【建议6-30】有时候函数不需要返回值，但为了增加灵活性，如支持链式表达，可以附加返回值。例如字符串复制函数 strcpy 的原型：

```
char * strcpy(char * strDest,const char * strSrc);
```

strcpy 函数将 strSrc 复制至输出参数 strDest 中，同时函数的返回值又是 strDest。这样做并非多此一举，可以获得如下灵活性：

```
char str[20];
int length = strlen(strcpy(str,"Hello World"));
```

【建议6-31】不仅要检查输入参数的有效性，还要检查通过其他途径进入函数体内的变量的有效性，例如全局变量、文件句柄等。

【规则6-32】函数名与返回值类型在语义上不可冲突。

违反这条规则的典型代表就是 C 语言标准库函数 getchar。几乎没有一部名著不提到 getchar 函数，因为它实在太经典，太容易让人犯错误了。所以，每一个有经验的作者都会拿这个例子来警示他的读者，我这里也是如此：

```
char c;
c = getchar();
if(EOF == c)
{
    ...
}
```

按照 getchar 名字的意思，应该将变量 c 定义为 char 类型。但是很不幸，getchar 函数的返回值却是 int 类型，其原型为：

```
int getchar(void);
```

由于 c 是 char 类型的，所以取值范围是[-128,127]；如果宏 EOF 的值在 char 的取值范围之外，EOF 的值将无法全部保存到 c 内，会发生截断，将 EOF 值的低 8 位保存到 c 里。这样 if 语句有可能总是失败。这种潜在的危险，如果不是犯过一次错，恐怕很难发现。

【规则6-33】汇编语言应该被封装并隔离，最好同时定义成宏。

在需要汇编指令的地方建议以如下方式封装并隔离这些指令：

➤ 汇编函数；

➤ C 函数；

➤ 宏。

出于效率的考虑，有时候必须要嵌入一些简单的汇编指令，如开关中断。如果不管出于什么原因需要这样做，那么最好使用宏来完成。

例如：

```
#define NOP asm (" NOP");
```

① 原因：由于不同 CPU 识别的汇编语言并不完全相同，因此从程序的可移植性考虑，汇编语言应该封装并隔离。

② 内嵌汇编：在 C 程序中直接插入 asm(" ＊ ＊ ＊ ")或__asm{" ＊ ＊ ＊ "}，内嵌汇编语句。需要注意的是这种用法要慎用，内嵌汇编提供了能直接读/写硬件的能力，如读/写中断控制允许寄存器等，但编译器并不检查和分析内嵌汇编语言，插入内嵌汇编语言改变汇编环境或可能改变 C 变量的值可能导致严重错误。

【规则 6－34】声明或定义一个数组时，它的大小应该显式声明。

例如：

```
int array1[10] ;                    // compliant
extern int array2[] ;               // not compliant
int array3[] = { 0, 10, 15 };       // not compliant
```

尽管可以在数组声明不完善时访问其元素，然而仍然是在数组的大小可以显式确定的情况下，这样做才会更为安全。对于"array3"定义，MISRA－C 2004 虽然允许，但仍然不清楚该数组的大小，容易发生越界操作错误。

【规则 6－35】初始化非零数组和结构体的时候要用花括号配对。

C 标准要求初始化数组和结构体的时候，需要用一对花括号将其配对。这条规则不仅有上述要求，还要求当遇到嵌套的结构体时也需要用花括号配对。这条规则强制要求编程者清晰地思考和表达复杂结构类型的数据顺序，例如，多维数组。

例如，下面是两种定义二维数组的方法，但是第一种没有遵循这条规则：

```
Int_16_t y[3][2] = {1,2,3,4,5,6};            // not compliant
Int_16_t y[3][2] = {{1,2},{3,4},{5,6}};      // compliant
```

这是一条针对嵌套及复杂数组、结构体的简单原则。还有需要注意的是数组和结构的元素，可以通过只初始化其首元素的方式初始化为 0 或者 NULL。如果选择了这样的初始化方法，那么首元素应该被初始化为 0 或者 NULL，此时不需要使用嵌套的大括号。

【规则 6－36】下列条件成立时，整型表达式的值不应隐式转换为不同的基本类型：

➤ 转换不是带符号的向更宽整数类型的转换；
➤ 表达式是复杂表达式；
➤ 表达式不是常量而是函数参数；
➤ 表达式不是常量而是返回的表达式。

限制复杂表达式的隐式转换,是为了要求在一个表达式的数值运算序列中,所有的运算应该准确地以相同的数值类型进行。注意,这并不是说表达式中的所有操作数必须具备相同的类型。

【规则 6 - 37】下列条件成立时,浮点类型表达式的值不应隐式转换为不同的类型:

  ➤ 转换不是向更宽浮点类型的转换;

  ➤ 表达式是复杂表达式;

  ➤ 表达式是函数参数;

  ➤ 表达式是返回表达式。

还要注意,在描述整型转换时,始终关注的是基本类型而非真实类型。

【规则 6 - 38】整型复杂表达式的值只能强制转换到更窄的类型,且与表达式的基本类型具有相同的符号。

如果强制转换要用在任何复杂表达式上,可以应用的转换的类型应该严格限制。复杂表达式的转换经常是混淆的来源,保持谨慎是明智的做法。为了符合这些规则,有必要使用临时变量并引进附加的语句。

```
(float32_t) (f64a + f64b)              // compliant
(float64_t) (f32a + f32b)              // not compliant
(float64_t) f32a                       // compliant
(float64_t) (s32a / s32b)              // not compliant
(float64_t) (s32a > s32b)              // not compliant
(float64_t) s32a / (float32_t) s32b    // compliant
(uint32_t) (u16a + u16b)               // not compliant
(uint32_t) u16a + u16b                 // compliant
(uint32_t) u16a + (uint32_t) u16b      // compliant
(int16_t) (s32a    12345)              // compliant
(uint8_t) (u16a * u16b)                // compliant
(uint16_t) (u8a * u8b)                 // not compliant
(int16_t) (s32a * s32b)                // compliant
(int32_t) (s16a * s16b)                // not compliant
(uint16_t) (f64a + f64b)               // not compliant
(float32_t) (u16a + u16b)              // not compliant
(float64_t) foo1 (u16a + u16b)         // compliant
(int32_t) buf16a[u16a + u16b]          // compliant
```

【规则 6 - 39】浮点类型复杂表达式的值,只能强制转换到更窄的浮点类型。

对于复杂表达式使用强制转换,往往带有特定的目的性,为了不对读者造成理解上的混淆,应该严格限制可使用的类型和方式。

【规则 6 - 40】函数原型中的指针参数如果不是用于修改所指向的对象,就应该声明为指向 const 的指针。

本规则会产生更精确的函数接口定义。const 限定应当用在所指向的对象而非指针,因为要保护的是对象本身。

【规则 6－41】带有 non－void 返回类型的函数,其所有退出路径都应具有显式的带表达式的 return 语句。void 返回类型的函数不允许使用"return;"语句。

表达式给出了函数的返回值。如果 return 语句不带表达式,将导致未定义的行为(而且编译器不会给出错误)。此规则指出我们在编程过程中容易犯的错误,特别是有多个返回路径的时候,容易忘记个别的返回路径,然后就会导致系统运行过程中产生不可预知的错误。建议尽量少用多个返回路径,用一个临时变量存储返回值,在函数结尾再统一给出返回表达式。

【规则 6－42】对指针和数组的读/写操作,必须要用 sizeof 关键字校验其对象的大小。

【规则 6－43】使用 memcpy、strcpy 等库函数之前,必须先校验目的地址指针是否有效,且判断写入长度。

【规则 6－44】使用 strncpy 库函数代替 strcpy 库函数。

【规则 6－45】指针的数学运算只能用在指向同一数组元素的指针上。

对不是指向数组或数组元素的指针,做整数加减运算(包括增值和减值)时会导致未定义的行为。指针在做减法、＞、＞＝、＜、＜＝等运算的时候,只有指针指向同一个数组,结果才是可以预知的。

例子:

```
ip2 =  ip1 + 3;
```

那么是否:

```
ip2 - ip1 = 3 ?
```

如果 ip1 和 ip2 指向同一数组,那么答案是 yes;如果指向不同的数组,结果未知。

【规则 6－46】标准库中保留的标识符、宏和函数,不能被定义、重定义或取消定义。

通常,♯undef 一个定义在标准库中的宏是件坏事。同样不好的是,♯define 一个宏名字,而该名字是 C 的保留标识符或者标准库中作为宏、对象或函数名字的 C 关键字。例如,存在一些特殊的保留字和函数名字,它们的作用为人所熟知,如果对它们重新定义或取消定义就会产生一些未定义的行为。这些名字包括:defined、__LINE__、__FILE__、__DATE__、__TIME__、__STDC__、errno 和 assert。

通常,所有以下划线开始的标识符都是保留的。

【规则 6－47】不能重用标准库中宏、对象和函数的名字。

如果程序员使用了标准库中宏、对象或函数的新版本（如，功能增强或输入值检查），那么更改过的宏、对象或函数应该具有新的名字。这是用来避免不知是使用了标准的宏、对象或函数，还是使用了它们的更新版本所带来的任何混淆。所以，举例来说，如果 sqrt 函数的新版本被写作检查输入值非负，那么这新版本不能命名为"sqrt"，而应该给出新的名字。

【规则 6-48】传递给库函数的值必须检查其有效性。

C 标准库中的许多函数根据 ISO 标准，并不需要检查传递给它们的参数的有效性。即使标准要求这样，或者编译器的编写者声明要这么做，也不能保证会做出充分的检查。因此，程序员应该为所有带有严格输入域的库函数（标准库、第三方库及自己定义的库）提供适当的输入值检查机制。

具有严格输入域并需要检查的函数例子如下。

① math.h 中的许多数学函数，比如：

➢ 负数不能传递给 sqrt 或 log 函数。

➢ fmod 函数的第二个参数不能为零。

② toupper 和 tolower：当传递给 toupper 函数的参数不是小写字符时，某些实现能产生并非预期的结果（tolower 函数情况类似）。

➢ 如果为 ctype.h 中的字符测试函数传递无效的值时，会给出未定义的行为。

➢ 应用于大多数负整数的 abs 函数给出未定义的行为。

在 math.h 中，尽管大多数数学库函数定义了它们允许的输入域，但在域发生错误时它们的返回值仍可能随编译器的不同而不同。因此，对这些函数来说，预先检查其输入值的有效性就变得至关重要。

程序员在使用函数时，应该识别应用于这些函数之上的任何的域限制（这些限制可能会也可能不会在文档中说明），并且要提供适当的检查以确认这些输入值位于各自域中。当然，在需要时，这些值还可以更进一步加以限制。

有许多方法可以满足本规则的要求，包括：

① 调用函数前检查输入值。

② 设计深入函数内部的检查手段。这种方法尤其适应于实验室内开发的库，纵然它也可以用于买进的第三方库（如果第三方库的供应商声明它们已内置了检查的话）。

③ 产生函数的"封装"（wrapped）版本，在该版本中首先检查输入，然后调用原始的函数。

④ 静态地声明输入参数永远不会采取无效的值。

注意：在检查函数的浮点参数时（浮点参数在零点上为奇点），适当的做法是执行其是否为零的检查。这对"规则：浮点表达式不能做相等或不等的检测"而言是可以接受的例外，不需给出背离。然而如果当参数趋近于零时，函数值的量级趋近无穷的话,仍然有必要检查其在零点(或其他任何奇点)上的容限,这样可以避免溢出的发生。

【规则 6-49】不要使用错误指示 errno。

errno 做为 C 的简捷工具,在理论上是有用的,但在实际中标准没有很好地定义它。一个非零值可以指示问题的发生,也可以不用它指示;做为结果不应该使用它。即使对于那些已经良好定义了 errno 的函数而言,宁可在调用函数前检查输入值,也不依靠 errno 来捕获错误。

【规则 6-50】不应使用库<stddef.h>中的宏 offsetof。

当这个宏的操作数类型不兼容或使用了位域时,它的使用会导致未定义的行为。

【建议 6-51】不应使用 setjmp 宏和 longjmp 函数(仅限用于系统热启动和冷启动)。

setjmp 和 longjmp 允许绕过正常的函数调用机制,不应该使用。

【规则 6-52】不应使用信号处理工具<signal.h>。

信号处理包含了实现定义的和未定义的行为。

【规则 6-53】在产品代码中不应使用输入/输出库<stdio.h>。

这包含文件和 I/O 函数 fgetpos、fopen、ftell、gets、perror、remove、rename 和 ungetc。

流和文件 I/O 具有大量未指定的、未定义的和实现定义的行为。本书中假定正常情况下,嵌入式系统的产品代码中不需要它们。

如果产品代码中需要 stdio.h 中的任意特性,那么需要了解与此特性相关的某些问题。

【规则 6-54】不应使用库<stdlib.h>中的函数 atof、atoi 和 atol。

当字符串不能被转换时,这些函数具有未定义的行为。如果需要使用类似函数,则必须封装使用。

【规则 6-55】不应使用库<stdlib.h>中的函数 abort、exit、getenv 和 system。

正常情况下,嵌入式系统不需要这些函数,因为嵌入式系统一般不需要同环境进行通信。

如果一个应用中必需这些函数,那么一定要在所处环境中检查这些函数的实现定义的行为。

【规则 6-56】不应使用库<time.h>中的时间处理函数。

包括 time、strftime。这个库同时钟有关。许多方面都是实现定义的或未指定的,如时间的格式。如果要使用 time.h 中的任一功能,那么必须要确定所用编译器对它的准确实现,并给出背离。

6.4　函数递归

6.4.1　一个简单但易出错的递归例子

几乎每一本 C 语言基础的书都讲到了函数递归的问题,但是初学者仍然容易在这个地方犯错误。先看看下面的例子:

```c
void fun(int i)
{
    if (i>0)
    {
        fun(i/2);
    }
    printf(" %d\n",i);
}
int main()
{
    fun(10);
    return 0;
}
```

问:输出结果是什么?

这是我上课时,一个学生问我的问题。他不明白为什么输出的结果会是这样:

```
0
1
2
5
10
```

他认为应该输出 0。因为当 i≤0 时递归调用结束,然后执行 printf 函数打印 i 的值。

这就是典型的没明白什么是递归。其实很简单,"printf("%d\n",i);"语句是 fun 函数的一部分,肯定执行一次 fun 函数,就要打印一行,怎么可能只打印一次呢? 关键就是不明白怎么展开递归函数,展开过程如下:

```c
void fun(int i)
{
    if (i>0)
    {
```

```
    //fun(i/2);
    if(i/2>0)
    {
        if(i/4>0)
        {
            ...
        }
        printf("%d\n",i/4);
    }
    printf("%d\n",i/2);
}
printf("%d\n",i);
}
```

这样一展开,是不是清晰多了？其实递归本身并没有什么难处,关键是其展
开过程别弄错了。

6.4.2 不使用任何变量编写 strlen 函数

看到这里,也许有人会说,strlen 函数这么简单,有什么好讨论的。是的,我
相信你能熟练应用这个函数,也相信你能轻易地写出这个函数。但是如果我把
要求提高一些:不允许调用库函数,也不允许使用任何全局或局部变量编写 int
my_strlen(char * strDest),似乎问题就没有那么简单了吧?

这个问题在网络上曾经讨论得比较热烈,我几乎是全程"观战",差点也忍不
住手痒了。不过因为我的解决办法在看到帖子时已经有人提出了,所以作罢。

解决这个问题的办法有好几种,比如嵌套汇编语言。因为嵌套汇编一般只
在嵌入式底层开发中用到,所以本书就不打算讨论 C 语言嵌套汇编的知识了。
有兴趣的读者,可以查找相关资料。

也许有的读者想到了用递归函数来解决这个问题。是的,你应该想得到,因
为我把这个问题放在讲解函数递归的时候讨论。既然已经有了思路,这个问题
就很简单了。代码如下:

```c
int my_strlen( const char * strDest )
{
    assert(NULL != strDest);
    if ('\0' == * strDest)
    {
        return 0;
    }
    else
    {
```

```
        return (1 + my_strlen( ++ strDest));
    }
}
```

第1步:用 assert 宏做入口校验。

第2步:确定参数传递过来的地址上的内存存储的是否为'\0'。如果是,表明这是一个空字符串,或者是字符串的结束标志。

第3步:如果参数传递过来的地址上的内存不为'\0',则说明这个地址的内存上存储的是一个字符。既然这个地址上存储了一个字符,那就计数为1,再将地址加1个 char 类型元素的大小,然后再调用函数本身。如此循环,当地址加到字符串的结束标志符'\0'时,递归停止。

当然,同样是利用递归,还有人写出了更加简捷的代码:

```
int my_strlen( const char * strDest )
{
    return * strDest? 1 + strlen(strDest + 1):0;
}
```

这里很巧妙地利用了问号表达式,但是没有做参数入口校验,同时用 * strDest来代替('\0' == * strDest)也不是很好。所以,这种写法虽然很简捷,但不符合我们前面所讲的编码规范,可以改写一下:

```
int my_strlen( const char * strDest )
{
    assert(NULL != strDest);
    return ('\0' != * strDest)? (1 + my_strlen(strDest + 1)):0;
}
```

上面的问题利用函数递归的特性就轻易搞定了,也就是说每调用一遍 my_strlen 函数,其实只判断了一个字节上的内容。但是,如果传入的字符串很长的话,就需要连续多次函数调用,而函数调用的开销比循环来说要大得多,所以,递归的效率很低,递归的深度太大甚至可能出现错误(比如栈溢出)。因此,平时写代码,不到万不得已,尽量不要用递归。即便是要用递归,也要注意递归的层次不要太深,防止出现栈溢出的错误;同时递归的停止条件一定要正确,否则,递归可能会没完没了。

第 **7** 章

文件结构

一个工程往往由多个文件组成,这些文件怎么管理、怎么命名都是非常重要的。下面给出一些基本的方法,比较好地管理这些文件,避免错误的发生。

7.1　文件内容的一般规则

【规则 7 - 1】每个头文件和源文件的头部必须包含文件头部说明和修改记录。

源文件和头文件的头部说明必须包含的内容和次序如下:

```
/ * * * * * * * * * * * * * * * * * * * * * * * * * * * * * * * * * * * * * *
*     File Name            :   FN_FileName.c/ FN_FileName.h
*     Copyright            :   2003 - 2008 XXXX Corporation, All Rights Reserved.
*     Module Name          :   Draw Engine/Display
        *
*     CPU                  :   ARM7
*     RTOS                 :   Tron
*
*     Create Date          :   2008/10/01
*     Author/Corporation   :   WhoAmI/your company name
*
*     Abstract Description :   Place some description here.
*
* --------------- Revision History ---------------
*     No   Version  Date       Revised By   Item          Description
*     1    V0.95    08.05.18   WhoAmI       abcdefghijklm WhatUDo
*
* * * * * * * * * * * * * * * * * * * * * * * * * * * * * * * * * * * * * */
```

【规则 7 - 2】各个源文件必须有一个头文件说明,头文件各部分的书写顺序如表 7.1 所列。

表 7.1　头文件各部分的书写顺序

序　号	描　述
1	Header File Header Section
2	Multi - Include - Prevent Section
3	Debug Switch Section
4	Include File Section
5	Macro Define Section
6	Structure Define Section
7	Prototype Declare Section

其中 Multi - Include - Prevent Section 是用来防止头文件被重复包含的如下：

```
#ifndef  __FN_FILENAME_H
#define  __FN_FILENAME_H
#endif
```

其中"FN_FILENAME"一般为本头文件名大写,这样可以有效避免重复因为同一工程中不可能存在两个同名的头文件。

示例程序如下：

```
/*********************************************
*    File Name     :  FN_FileName.h
*    Copyright     :  2003 - 2008 XXXX Corporation, All Rights Reserved.
*    Module Name   :  Draw Engine/Display
*
*    CPU           :  ARM7
*    RTOS          :  Tron
*
*    Create Date   :  2008/10/01
*    Author/Corporation:  WhoAmI/your company name
*
*    Abstract Description: Place some description here.
*
*  --------------- Revision History---------------
*    No  Version  Date      Revised By  Item          Description
*    1   V0.95    08.05.18  WhoAmI      abcdefghijklm  WhatUDo
*
*********************************************/
/*********************************************
```

```
*     Multi - Include - Prevent Section
***********************************************/
# ifndef    __FN_FILENAME_H
# define    __FN_FILENAME_H
/ ***********************************************
*     Debug switch Section
***********************************************/
# define   D_DISP_BASE
/ ***********************************************
*     Include File Section
***********************************************/
# include    "IncFile. h"
/ ***********************************************
*     Macro Define Section
***********************************************/
# define   MAX_TIMER_OUT       (4)
/ ***********************************************
*     Struct   Define Section
***********************************************/
typedef struct CM_RadiationDose
{
    unsigned char ucCtgID;
    char cPatId_a[MAX_PATI_LEN];
}CM_RadiationDose_st，* CM_RadiationDose_pst;
/ ***********************************************
*     Prototype Declare Section
***********************************************/
unsigned int MD_guiGetScanTimes(void);
…
…
# endif
```

【规则 7 - 3】源文件各部分的书写顺序如表 7. 2 所列。

表 7. 2　源文件各部分的书写顺序

序　号	描　　述
1	Source File Header Section
2	Debug Switch Section
3	Include File Section
4	Macro Define Section

157

续表 7.2

序　号	描　述
5	Structure Define Section
6	Prototype Declare Section
7	Global Variable Declare Section
8	File Static Variable Define Section
9	Function Define Section

示例程序如下：

```
/ * * * * * * * * * * * * * * * * * * * * * * * * * * * * * * * * * * * * * * * *
*     File Name    :  FN_FileName.c
*     Copyright    :  2003 - 2008 XXXX Corporation, All Rights Reserved.
*     Module Name  :  Draw Engine/Display
*
*     CPU          :  ARM7
*     RTOS         :  Tron
*
*     Create Date  :  2003/10/01
*     Author/Corporation：  WhoAmI/your company name
*
*     Abstract Description：  Place some description here.
*
* -------------- Revision History--------------
*     No  Version   Date      Revised By   Item          Description
*     1   V0.95    03.10.01   WhoAmI       abcdefghijklm WhatUDo
*
* * * * * * * * * * * * * * * * * * * * * * * * * * * * * * * * * * * * * * * * */
/ * * * * * * * * * * * * * * * * * * * * * * * * * * * * * * * * * * * * * * * *
*     Debug switch Section
* * * * * * * * * * * * * * * * * * * * * * * * * * * * * * * * * * * * * * * * */
# define    D_DISP_BASE
/ * * * * * * * * * * * * * * * * * * * * * * * * * * * * * * * * * * * * * * * *
*     Include File Section
* * * * * * * * * * * * * * * * * * * * * * * * * * * * * * * * * * * * * * * * */
# include    "IncFile.h"
/ * * * * * * * * * * * * * * * * * * * * * * * * * * * * * * * * * * * * * * * *
*     Macro Define Section
* * * * * * * * * * * * * * * * * * * * * * * * * * * * * * * * * * * * * * * * */
# define    MAX_TIMER_OUT        (4)
/ * * * * * * * * * * * * * * * * * * * * * * * * * * * * * * * * * * * * * * * *
```

```
 *      Struct   Define Section
 *******************************************************/
typedef struct CM_RadiationDose
{
    unsigned char ucCtgID;
    char cPatId_a[MAX_PATI_LEN];
}CM_RadiationDose_st, * pCM_RadiationDose_st;
/********************************************************
 *      Prototype Declare Section
 *******************************************************/
unsigned int MD_guiGetScanTimes(void);
/********************************************************
 *      Global Variable Declare Section
 *******************************************************/
extern unsigned int MD_guiHoldBreathStatus;
/********************************************************
 *      File Static Variable Define Section
 *******************************************************/
static unsigned int nuiNaviSysStatus;
/********************************************************
 *      Function Define Section
 *******************************************************/
```

【规则 7-4】需要对外公开的常量放在头文件中,不需要对外公开的常量放在定义文件的头部。

【规则 7-5】对于一个模块,如果要想用于多个编译器和/或多种语言的唯一条件是:相对应于这些编译器和语言,有一个共同的目标代码定义的接口标准。

对于一个模块,要是可能应用到不同的编译器的话,需要注意下面几点:

① 堆栈的使用;

② 参数的传递;

③ 数据的存储方式(长度、对准等);不同编译器处理数据大端和小端有区别,注意多字节或者位数据的存储。

INT、LONG 数据类型不同的编译器对应不同的长度。不同的编译器变量或者函数的地址长度不一样,如果将变量的地址作为参数传递,8 位系统和 32 位系统会不同。

对于大的常量宏定义,需要制定类型后缀。不过目前来讲,许多项目的移植工作主要是从一个系列的不同 MCU 之间转换,或者 16 位与 32 位之间的转换。所以,建议重点关注数据的存储方式。

【规则 7-6】不应该在头文件中定义对象或函数体。

　　头文件应该用于声明对象、函数、类型、宏。头文件不应该包含或处理占据空间的对象和函数体的定义（或者对象和函数的分段）。只有".C"文件能包含可执行源代码，头文件只能包含声明。

　　如果对象的访问只是在单一的函数中，那么对象应该在块范围内声明。可能的情况下，对象的作用域应该限制在函数内。只有当对象需要具有内部或外部链接时，才能为其使用文件作用域。

　　【规则 7-7】在文件范围内使用的所有对象、函数的声明和定义，除非确有需要，否则应限定为只有本文件能使用。

　　每个源文件都有且只有一个头文件与之匹配。本模块的外部接口、外部变量等只能在本模块的头文件中声明，且声明的同时不加关键字 extern；本模块的内部接口、内部变量等只能在本模块的源文件中声明（放源文件前部，函数内部变量放函数内部）和定义，且用 static 关键字修饰。如需使用外部变量或接口需要在源文件前部显式的用 extern 声明。

　　【规则 7-8】宏定义、const 修饰的只读变量必须且只能在一个头文件中声明。尽量用 const 修饰的只读变量替代宏定义。编译器会对 const 声明的只读变量做类型校验，而宏常量则不能。

7.2　文件名命名的规则

　　【规则 7-9】文件标识符分为两部分，即文件名前缀和后缀。文件名前缀的最前面要使用范围限定符——模块名（文件名）缩写。

　　【规则 7-10】采用小写字母命名文件，避免使用一些比较通俗的文件名，如：public.C、123.c 等。

7.3　文件目录的规则

　　【规则 7-11】如果源代码文件比较多，需要将头文件（＊.h）、源文件（＊.c）以及其他资源文件等分别放到不同的文件夹，以使代码目录结构更加清晰。

第 8 章

关于面试的秘密

现在这个社会,面试几乎是获得一份工作的必经之路。网上有各种各样的面试经验,有的号称是考官写的,有的号称是被面试者写的。当然,我不排除这些面经里面有很多值得学习或欣赏的地方,但说实在的,大多数是一些无聊的编辑或者什么人杜撰的,凭空想象的,根本就没什么实际意义。我作为面试官,面试过各种各样的程序员,有工作年限比我长很多的,也有学历比我高很多的。那下面的篇幅就谈谈我是怎么面试程序员(暂时只限于面试程序员的这个话题)的,作为一个被面试者怎么样才能打动我? 我又关注被面试者的哪些方面呢? 尤其是针对应届毕业生,比如,我对本科和硕士的要求是不一样的,关注点也会有些差别。下面就主要谈谈应届毕业生的面试,其中稍微会谈一些有工作经验的程序员的话题。

8.1 外表形象

8.1.1 学生就是学生,穿着符合自己身份就行了

很多男生来面试的时候,西装革履,领带发胶通通上了,如果再加副墨镜,活脱脱一个黑手党☺;而女生呢,个个花枝招展,大冷天的,穿个职业裙装,然后高高的鞋跟在冰面(我去校园招聘往往在冬天)滑来滑去,我都担心她会不会摔着或崴着脚。其实真的有必要这样吗? 在面试过程中,也有学生问我面试是否需要穿正装? 下面就谈谈我的看法。

面试要穿正装这个风气,我不知道从哪里发源的。或许是咱们学英国古代的绅士,觉得不穿正装是对考官的不尊重? 当然,还有一种可能是那些无聊至极而又自以为是的 HR 们干的好事。我们以前一个 HR 制作的应届生面试评价表上有专门的一栏——"着装",并有一个解释:穿正装者 5 分(最高分)。后来我问她:如果是个品学兼优的穷学生,买不起西装领带,是否你就认为他不够尊重你? 然后你就不要他呢? 这个从国外留学回来的 HR 一阵解释,这啊那的,一大堆理由,总之不穿正装就是要影响到评分。最后我告诉她:我不会因为一个人穿 T 恤来面试就认为他不尊重我,从而不要他,穿什么与其人品、能力没有绝对

的关系。最后,在我的坚持下,这项无理的评分总算是去掉了,当然,我相信还有很多这样无聊的 HR。

有的人会说,既然你认为穿什么无所谓,那我就真的无所谓了。这里我需要解释清楚,我说的穿什么无所谓是指在适合自己身份的前提下。比如我要招一个程序员,你打扮得像个小混混似地来面试,我当然不会有好感。这种情况还真发生过。有一次,我帮一个项目组面试一些初级测试人员,有个小子就满头红黄的头发,活脱脱一个街头小混混。这个样子去面试黑社会还差不多,至少我会感觉恶心,当然也无法相信他能踏踏实实地完成自己的本职工作。

我个人认为,学生就是学生,穿得像个学生就行了。没有必要去买一些西装领带之类的,况且那玩意也不便宜。家里条件好的也就罢了,家里条件不好的同学,千万别再给家里增加负担了;如果有需要工作之后再买也可以。反正我自己一年到头也穿不了几次正装,我那套西服买来好几年了,总共穿了不到 10 次。

8.1.2　不要一身异味,熏晕考官对你没好处

对于学生来说,平时穿什么,面试就穿什么。但是要干净、整洁,不能给人邋遢的感觉,身上更不能有不雅的气味。我曾经面试过一个学生,在一个小的面试间里面,他一进门,我就感觉不对劲。他坐到我对面的时候,一股浓烈的酸臭味让我恶心想吐,感觉就是从来没洗过澡似的。我是强忍着恶心和不快,完成了面试。等他出去之后,我开窗,透了好久的气,才让下一个面试者进来。你说,这样子的人我能要吗? 如今的办公室都是封闭的,你往那一坐,别的同事还怎么工作? 这种人其实是非常自私的,从不考虑别人的感受,我当然也无法相信他以后能很好地融入团队,能很好地配合同事,更别谈什么奉献之类的了。

同样的,除此之外,还要注意是否有口臭、汗臭等,有时候考官会和你近距离讨论问题,如果你一口的臭味或者大蒜味,毫无疑问会影响考官对你的印象。对于女生来说,不要用很浓烈或古怪味道的香水,这样对于你没有好处。我曾经就遇到过不少女生,可能是为了体现自己美好的一面,用了很多香水,有的香水确实好闻,但有的香水确实不是每个人都喜欢闻。

8.1.3　女生不要带 2 个以上耳环,不要涂指甲

这里特别要提醒一下女生,真的没必要打扮得花枝招展,朴素自然或许更好一些。尤其不要在耳朵上带 $n(n>2)$ 个耳环,不要留长指甲,不要把指甲涂得五颜六色,夏天的时候也不要涂脚趾甲,不要用太浓烈的香水,头发不要染得很怪为什么呢? 我给你详细说说原因。程序员的工作工具是什么? 计算机是吧,你指甲这么长,怎么很好地使用键盘? 一者说明你平时极少用键盘编程序,更别说效率了;二者说明你不愿意为了工作或学习改善自身不利的因素。至于那些打扮得很出格的,耳朵上 $n(n>2)$ 个耳环,指甲五颜六色的,说明你平时的心思根

本就不在学习和工作上,打扮自己或许对你更重要(虽然不是绝对,但我会这么想),我无法相信或判断你在以后的工作中能很好地平衡工作、学习和生活。现在很多女生的动手能力不足,这点和男生竞争就差了很多,而如果再不注意这些,不给考官一个很好的印象,那找个满意的工作真的会是难上加难。

8.2　内在表现

8.2.1　谈吐要符合自己身份,切忌不懂装懂、满嘴胡咧咧

　　着装往往是给人的第一感觉,而谈吐则会是第二感觉。如果你着装得体,给人有了比较好的第一印象之后,那希望你在谈吐上加强这种好的效果,而不是彻底毁灭它。作为程序员,沟通能力非常重要,需要你善于表达,但善于表达不是夸夸其谈。我遇到过不少夸夸奇谈的面试者,只了解皮毛却说成精通,一旦问到深入点的问题自己不会,就开始转移话题或是找借口,甚至满嘴胡咧咧。有时候不会某一个问题并不是致命的,虚心承认自己的不足,然后换下一问题就完了呗,一旦你开始找借口或是胡咧咧,那就开始毁灭你的好印象了。面试又不是一个问题决定要不要你,而是从多方面考察,每个人都有自己的长处和短处,告诉考官这是你的短板,和考官聊聊你的长处和优点,从这里入手或许更能打动考官。

　　不懂装懂是另一个经常遇到的现象,尤其在技术上面。你想想,考官能问你这个问题,至少他对这个问题的答案是清楚的,甚至大多数时候,考官是非常熟悉或精通这个技术方向的,你想在考官面前装懂,想把考官忽悠了,几乎是没有可能的。有时候考官问你问题,并非是想得到一个确切的答案,而只是想看看你思路是否清晰,表达是否流畅,是否真正深入了解过这方面的知识。

　　曾经有个学校的研究生来面试,他们简历上的课程表里面几乎都有一个课程《Windows 程序设计》,我就问他们对 Windows 消息机制的理解。部分学生说不了解,这个课逃了,没上;部分学生说以前看过,现在忘了;部分学生说,老师没讲明白;还有部分学生说熟悉,但是却怎么也说不清楚;个别学生不懂装懂,我本来想诱导他说出点他自己的理解,然后看看他到底掌握到什么程度,可惜,一旦我引导到某个知识点,他就开始不懂装懂了。其实懂不懂这个知识点可能关系不是太大,考官只想知道你的基础专业课是否认真去学了。

8.2.2　态度是一种习惯,习惯决定一切

　　米卢曾经说过:态度决定一切。我的话稍微改改:态度是一种习惯,习惯决定一切。

　　有不少学生曾经问我,你看重哪些点?有的公司说他们看重学习能力,有的

公司说他们看重执行能力等,那你们公司看重哪些呢? 我是这么回答这个问题的:

　　我看重态度和基础。首先,端正、诚恳、谦虚的态度是学习所必须具备的,有了这种良好的态度,并长期保持这种态度,你一定会形成一种良好的学习习惯,有了这种良好的学习习惯,你在之前的学生生涯里面一定会获得一个知识的基础。如果这个基础良好,然后再加上这种良好的学习习惯,你没有理由不具备学习能力。所谓的学习能力,我个人认为,其实就是基础+态度(习惯)。大部分人都是普通人,谁也不比谁聪明,谁也不比谁笨。如果你学习态度好,学习习惯良好(其实主要就是指学习的努力程度和学习方法),基础良好,那你肯定能打动我。

　　浮躁、傲慢和眼高手低的学生或有经验的程序员,我也经常遇到。浮躁是很多人的一个通病,这点事非常不利于以后的学习和工作,如果自己有这种浮躁的心理,请一定要调整过来。

　　① 先说说浮躁。

　　曾经有个工作过多年的员工刚入职,有个工具不会设置,来找我请教。我问他,你会不会用这个工具? 他说会用,以前用过,我说你既然会用,为什么不会设置呢? 于是,我给了他一个工具使用的培训文档,让他仔细学习一下,自己动手设置一下,如果不会再来问我。这本来是一个很好的学习机会,不会没有什么,学就行了。他倒好,非得让我给他设置,说我帮他设置花不了几分钟,说他会使用这个工具,用不着看培训文档。我说,你连基本的设置都不会,这叫会使用这个工具? 假设我今天帮你设置了,你还是不会,明天系统坏了,我是不是还得再帮你设置一遍? 这里并非我要为难他,而是有句话叫做:授人以鱼,不如授人以渔。如果不让他自己去深入学习和体会,他永远无法长进。

　　浮躁的例子还有很多,再讲一个,有个同事的代码出问题了,不会解决,跑来问我。我一看,一个简单的野指针问题,我动手 1 分钟可解决问题。但我不想让他失去这次汲取教训、增长知识的机会,本想先引导他怎么分析这个问题,怎么找到原因和怎么解决,然后想再给他好好讲一下野指针的问题,以免下次犯同样的错误。他倒好,我还没讲几句,他就说:你告诉我哪里错了,怎么改就行了,要不你给我改正也行。我还没不耐烦呢,他倒先不耐烦了。这就是一种浮躁,遇到问题,不想着深入分析问题,不想着这是一个深入学习的绝好机会,而是只图结果。这也就是为什么有的人工作 3 年比有的人工作 10 年的水平还高。学习本来就是不停地犯错,不停地分析错误,不停地改正错误的一个过程,一旦浮躁,就失去了真正深入学习的机会。

　　还是回到前面讲的关于 Windows 消息机制的例子,有的学生说,我会写Windows 的消息代码就行了,没必要去理解具体的消息机制。我对他说:就是因为你这种想法阻碍了你的成长,你说这句话,一则说明你对不懂的知识没有钻研的兴趣,甚至可能是根本就没发现这里有你不懂的知识值得去钻研,我无法相信你工作以后对新技术肯钻研;二则说明你对操作系统了解非常浅,因为即使是不同的操作系统,其基本原理是一致的,大学《操作系统》这门课并不是针对某一种操作系统而言,而是针对所有操作系统的基本原理,如果懂了一种,完全可以举一反三,触类旁通。浮躁的学生是最多的,对于任何事物都不愿意沉下心来认真分析和研究,而是走马观花式的自以为是。

② 再说说傲慢。

傲慢的人较浮躁的人要少一些,但也并不少见。傲慢的人往往瞧不起别人,觉得老子天下第一,谁也比不上老子。我也承认,有些人的确有些可以傲慢的资本,但是须知:智者千虑必有一失,愚者千虑亦有一得。傲慢的人,在团队里起的反作用非常大。现在的软件开发都是团队作战,不是个人英雄主义能解决问题的。即使你再牛,那也得别人来配合你工作吧。你一傲慢,往往会影响到团队的工作氛围,甚至成员间的感情。人都是有脾气的,你老一副趾高气扬的派头,恐怕谁都会反感你。一旦团队的成员间配合不好,工作就可能出问题。所以,作为考官,我是尽量要拒绝傲慢者加入一个团队。

③ 至于眼高手低。

这种人太多太多了,觉得自己干什么都行,都比别人强。老指责别人这里那里,但一旦自己遇到真问题就束手无策。要知道:纸上得来终觉浅,绝知此事要躬行。很多事情,需要自己亲身参与才能理解个中艰难。俗话说:一口吃不成一个胖子。但胖子一定是一口一口吃出来的!无论学习、工作还是生活,都需要脚踏实地,一步一个脚印,只有前面的路走得实,才不会迷失方向。这就好比大雪天走路,如果你的脚步不够扎实,你或许连回头的路都找不到。

在短短的一段面试时间内,眼力好的考官肯定能通过你的表情、眼神、谈吐等判断你是否是一个浮躁、傲慢、眼高手低的人。当然,要改正这些缺点绝非一天两天就行,但改总比不改要好吧。从现在开始坚持改正这些不好的毛病,过两三年,你就会变一个样。

8.2.3 要学会尊敬别人和懂礼貌

礼貌是任何社交都必须要具备的基本素质。但是,说实在的,现在这些学生,不懂礼貌的还真不少。偶尔和一些老同事聊天聊到一些不懂礼貌的学生,这些老同事对一些不懂礼貌的员工简直恨不得给俩耳光。有些老同事四五十岁了,一些刚入公司的员工,直呼人家"刘哥"、"王哥"等,人家当面当然不会有不高兴的表情。但你想想,你一个刚毕业的学生,也就20出头,人家做你爹的年龄也差不多了,你这么叫人家。豁达点的老同事无所谓,有些对于资历、备份看得重的老同事心理肯定非常不痛快。

我毕业前实习的时候,有个五十多的老同事(资深硬件工程师,搞硬件几十年了），别人都叫他"刘哥""老刘"等，我恭恭敬敬叫他"刘老师"。他就对我特别好，觉得我这孩子懂礼貌，懂事，有什么问题愿意教我。有时候加班，别人都走了，就我一个人陪他加班。他焊一些硬件电路板的时候，我就在旁边看着，有不明白的就问，给他递递烙铁、元件什么的。我本身学数学的，对三极管怎么运行都不明白的，问的电路板方面的问题虽然很白痴，但人家硬是不吝惜时间，给我讲解。有时候，情愿自己晚点回家，也愿意给我讲讲相关知识，甚至很多为人处事的道理。有一天加班到凌晨 1 点来钟了，整个楼层就我俩。那天晚上刚好我们总经理从外地出差回来，路过办公室，看见这么晚还亮着灯，就上来看看。总经理那时候还根本不认识我或者大概知道我是实习生，看到一老一小在加班，很高兴，特意问了我的名字并勉励我好好跟老师傅学。

后来的工作中，我也确实得到了总经理的赏识，这或许也跟那个晚上的好印象有关吧。我认为，这就是尊敬别人，别人给你的回报。你不把别人当回事，谁会把你当回事呢？要想得到别人的尊敬和赏识，先学会尊敬别人。哪怕人家有不如你的地方，你也要懂得尊敬别人。

现在很多学生都是独生子女，家里惯得厉害的有很多，不懂礼貌的我还真遇到过不少。有的新入职的员工，想让我帮他处理点事情，其实这是他有求于我吧。他倒好，直接上来：喂，我那什么什么问题，你给我解决一下。我就觉得这些家伙也太不像话了，总经理有任务让我办，也客客气气地说：小陈，你忙不忙？我这里有个什么什么事，比较紧急，你看你能不能抽个时间帮我处理一下。本来同事间不管私事公事，相互帮助是很正常的，但要明白自己的身份，用合适的言语去请别人帮你。

关于礼貌和尊敬别人这一点，虽然在面试的短短时间内，不一定都能看出来，但不管怎么样，都是考官要关注的点。我相信没有考官愿意招一个不懂礼貌的家伙。

8.3　如何写一份让考官眼前一亮的简历

我看过成百上千份简历，各式各样的都有。有的一看就是花了心思，有的一看就没认真准备，有的花了很多心思却没突出要点。那么，什么样的简历才能比较吸引考官呢？

先看看考官如何去看简历，如何去搜索简历中的关键字。我一般是到面试的时候才有时间看简历，也就是说，面试的第一件事我会让你先简单做一下自我介绍。在你做自我介绍的时候，我浏览你的简历。有的人自我介绍就那么两三句话，半分钟就完事了，这个时候我简历还没浏览完，但由于你停下来没说话，我不得不停止浏览简历，提前开始问你问题。所以，我建议自我介绍大概两三分钟比较合适，给考官多一点时间看你的简历，这样可以多了解你，同时你也可以更多地讲你的特长。

　　我遇到过不少人，我让他做自我介绍，他随便介绍几句，然后就说，别的都在简历上写着呢。当然，我也知道你在简历上写着，但关键是我哪有这么多时间仔细看你的简历。所以，自我介绍的时候重复简历上所写并没有什么问题，关键是你得说，否则还叫什么面试，直接根据简历挑人得了嘛。

　　当然，也有些人自我介绍一旦开始，就不停了，噼里啪啦，有如长江泛滥，不可收拾，我不得不打断他的介绍。这样给人的感觉是这个人抓不住重点，不懂得在繁杂的事情中辨别出关键点。因为自我介绍这种事，面试前肯定会有准备是吧，既然准备了的事情都抓不住重点，如何让我相信你在以后的工作中能有相关的能力呢？

　　还有些人自我介绍的时间倒是把握得很好，但讲的东西都是我不关心的。比如有的人花好多时间讲自己家里的情况，甚至家里有几头牛、几亩地都讲了。但是这些事情我根本就不感兴趣，我顶多关心一下你老家是哪里的，以便大概判断一下你在这个城市工作的稳定性。所以啊，自我介绍一定要简明而不简单、突出重点、突出你的长处、突出你和别人不一样的地方，不要啰啰嗦嗦讲一大堆无关紧要的事情，以争取一个好的第一印象。

　　下面再回到简历。一般呢，简历不要太厚，2～3 页纸足够了，太长了，反而突出不出重点，考官也没时间看。我当初毕业的时候找工作，就只用了一张 B5 的纸，正反面。复印了大概 10 张，但只投了 3 张，得到 3 个面试机会，但由于时间冲突，放弃一个面试机会，最后得到 2 个 offer。所以说，简历不在乎豪华，而在乎简明。一般来说，简历分 3～4 个部分写就够了。第 1 部分，个人信息；第 2 部分，求职意向和个人的技能、获奖或荣誉情况；第 3 部分，实习经历、项目经历、社会活动经历等；第 4 部分，一份盖有教务处公章的成绩表（针对应届生）。下面就每个部分分别说说关键点。

8.3.1　个人信息怎么写

　　个人信息部分：姓名，年龄，性别，籍贯，身高，学历，毕业学校，外语等级，联系方式（包括手机、固定电话、电子邮箱）等。身高一般可写可不写，有些岗位有身高要求，但程序员岗位一般没有这个要求，所以可以不写。体重根本就不用写，一般面试一见面就能判断瘦还是胖。另外一个我觉得可以写的就是健康状况，你写个"良好"或"十分良好"对你肯定没有坏处。有一个特别重要的问题就是，这些信息里面不要有任何错别字或错误信息。曾经就有人写错过电话号码、学校名字等。这样的话，不但有可能因为联系方式错误联系不到你，更要命的是，考官会认为你做事马虎，不能认真工作，连这么简单、这么熟悉、这么重要的内容，你写完都没有检查或没检查出错误。这会给你带来非常不好的印象，让人无法相信你以后的工作能认真仔细地对待。

曾经有个学生在简历前面和最后写了两个手机号码,但号码中间有一个数字不一样,一个号码里面这个位置是8,另一号码里面却是9。我就问他:你感觉自己平时做事认真吗?比如在打字或写代码的时候,会不会反过来检查自己的输入内容?他说,平时感觉还是挺细心的,但就是由于手指头比较粗,经常会有按错键的情况。呵呵,这就证明了他输入自己电话号的时候都没有仔细核对,由于手指头粗,把8和9输入错了,但又没发现。还有的学生甚至写错自己毕业时间、学历等重要信息。

还有一个例子就是,一个学生在自己简历的封面写了毕业学校和专业,我一看不对劲,学校名字为:XX 外国学院。我想中国貌似没有一个叫 XX 外国学院的吧,应该是少写了一个字,本来应该是:XX 外国语学院。你想想,这么粗心的人怎么可能会给考官一个好印象呢?连自己学校的名字都写错,而且还是在封面上面。不可思议!

关于个人信息部分,另外一个值得注意的问题就是,不要随便泄露自己的家庭电话、身份证号等信息。如今的社会非常复杂,骗子非常多。这些信息一旦由于接受你简历的公司处理不当而被一些别有用心的人得到了,会增加被骗被利用的机会。即使填写紧急联系方式,也尽可能填写和你关系好的同学或老师的电话即可,不必要填写家庭电话;也不要在简历上写身份证号。很多同学的简历上写了身份证号,这有什么必要呢?当然,我不排除某些公司有这个要求,但绝大多数公司不会要求你在简历上写身份证号的。这只会增加你信息被别人利用的风险。

8.3.2　求职意向和个人的技能、获奖或荣誉情况怎么突出

求职意向和个人的技能、获奖或荣誉情况,这部分的内容一定要简明、扼要,要突出重点,不要啰嗦。三五句话就够了,而且建议你把重要的关键字标记为黑体,以突出和吸引考官眼球。求职方向不要写太多,不要同时写多个不相关的方向,这样会感觉你这个人没有准确的职业定位,没有规划自己的职业未来,再深入一点就是没有自己的特长。有的只写了一个软件工程师,但你要知道软件工程师有很多方向。嵌入式?应用软件?WEB网站?所以,要明确,但方向不要太多,尤其是一些相反的方向。比如你如果同时写上硬件工程师、软件工程师、销售、技术支持等一大堆,让人觉得你是不是硬件、软件都不行?作为一个应届毕业生总不能都掌握得挺好吧,而且考官会觉得你对现在的这个岗位并不是非常感兴趣嘛。

个人技能,作为应届毕业生,千万别写什么精通这个、精通那个的。本书的前言里面也提到了精通这个问题,很多应届生的简历上精通一大堆东西,让我汗颜啊,我工作多年尚且没有一个精通的知识,一个应届生精通这么多,老板不给你开2万一个月真对不住你啊!说到这里,我告诉你一个小秘密:你去看招聘广

告,只要要求工作年限在 5 年以下的,要求精通这、精通那的,你就去投简历吧。保管很容易搞定。因为写这种广告的公司根本不知道什么是真正的精通,而且往往是那种小作坊似的公司才这么写招聘广告的。真正管理得好的公司,其招聘广告会由技术部门、招聘部门详细讨论,核对相关岗位要求,会逐字逐句的斟酌,越是写熟悉什么什么的公司其实要求越高。

既然不能写精通,那么写熟悉行吧? 除非你是真正技术非常好的,在学校是非常出众的,否则我还是建议你这么写:掌握 XXX 技术,在指导下能较好地完成任务;或是熟练掌握 XXX 技术,能较好地独立完成任务。同时写上你看过的教材之外的一些经典专业书籍,比如本书前言提到的那些。这样,考官一看,这个学生不错,对技术有兴趣,肯钻研,比较谦虚,在看过这些经典书籍的情况下还显得如此实在。当然,你一定要是真看过,因为考官很可能会问其中的问题。但是,至今为止我没见过一个学生这么写简历。

为什么我会强调这一点呢? 因为在实际工作中,这些经典的书籍,一般会需要多次阅读,考官很可能看过这些经典书籍。比如我在面试的时候,尤其面试硕士的时候,几乎必问的一个问题就是:你说说除了教材之外,还看过哪些经典的书籍。如果学生没有看过,说明这个学生对技术兴趣不大,不喜欢钻研,但可惜,大部分学生都没看过,有的连教材都没看明白。如果你和考官看过同样一部经典教材,这很可能是一个比较容易沟通的话题。考官很可能会挑几个书里面的经典问题问你,如果你能回答上,那考官对你的印象毫无疑问会很好。比如我就经常问:你认为这本书写得最精彩的地方在哪里? 你说说你的理解。如果能说出个一二三,那你就比别人赢得了更大的录取几率。

我面试一般不会超出你简历上所写的内容,而且我会挑你最熟悉的知识问。如果你自认为最熟悉的知识点都答不明白,我如何相信你的能力呢? 毕竟我试探的是你的最高水平啊。其实,面试的时候,这个人行不行,有经验的考官两三句话就问出来了。所以,这里强调一点,写在简历上的一定要是你会的,注水的、造假的简历,一旦被问住,会死得很惨。很多学生连基本的专业课知识都不明白,如何能让我相信你在学校努力学习了? 如何证明你的学习态度? 如何证明你的基础是否扎实?

其实,有时候问这些,并不是以后工作中会用到,而只是想知道你过去是否真地认真学了。比如曾经有个硕士,我问:学过随机过程没有? 讲讲马尔科夫链吧。他哑口无言,甚至不知道什么是马尔科夫链。要知道,随机过程是理工科硕士的必修课啊。还有的硕士,说自己的研究方向是神经网络,论文也是这个,精通。我让他解释一下学习和训练的基本概念和基本方法,吞吞吐吐说不出个所以然。这样的人,我如何相信他过去真地认真学了这些专业课呢? 虽然以后工作可能根本用不到这些知识。还有的硕士,说自己精通通信方面的算法,我让他举几个基本的信源编码和压缩的算法,哑口无言,写一串数字,让他用算法压缩一下，无从下手。这些都不是以后工作要用的知识，但这是为了证明你过去是否认真努力学习了。如果过去没有认真努力，按照我前面关于态度和习惯的观点，这个人肯定没机会了。

获奖或荣誉情况，写主要的，有实际意义的，不要写那些微不足道的，无关痛痒的，比如可以写奖学金情况、各种竞赛情况、社会活动情况等。有很多学生居然写上自己什么时间段内当过寝室长，这种东西，如果和考官聊天聊到也就罢了，千万别写在简历上。会让人觉得你实在拿不出什么能放在台面上的东西了，连一个无法证明的寝室长职位也要拿上来。类似这种东西，写了不如不写，这只会起反作用。

8.3.3　成绩表是应届生必须要准备的

对于应届毕业生，成绩表是必须的，一则可以看你学过哪些专业课程，二则也是证明你学习效果和基础的一个有效的证据。作为学生的主要任务就是学习，如果连学习都不放在首要位置，那如何让我相信你工作之后，能把工作放在重要的位置呢？要强调一点的是，成绩不要造假，就算你现在蒙骗过关了，入职之后，HR 是能看到档案的。大的公司，对于你的简历、笔试面试成绩、面试评价表等原始数据都会存档的，一旦被 HR 发现，那就不好说了。有些大公司最恨造假之人，对于造假者，作弊者一律永不录用。所以，诚信为本，不要给自己的职业生涯增加污点。如果大一就看到本书，那我劝你还是多花点时间在学习上，少玩点游戏。

上面已经告诉你考官看重哪些东西，你就在考官看重的这些东西上去发掘，去突出自己。当然，毕竟你是应聘程序员，技术基础或能力是最有效地能打动考官的。当然，这只是我作为考官的个人看法，每个公司、每个考官所问的问题会很不一样，但目的基本一致，就是从不同的角度去了解你，判断你是否符合岗位要求。

C 语言基础测试题

请在 40 分钟内完成以下 20 道 C 语言基础题。在没有任何提示的情况下，如果能得满分，那你可以扔掉本书了，你的水平已经大大超过了作者；如果能得 80 分以上，说明你的 C 语言基础还不错，学习本书可能会比较轻松；如果得分在 50 分以下，也不要气馁，努力学习就行了；如果不小心得了 10 分以下，那就得给自己敲敲警钟了；如果不幸得了 0 分，那实在是不应该，因为毕竟很多题是很简单的。

C 语言基础题(每题 5 分)。

1. 下面的代码输出是什么？为什么？

```c
void foo(void)
{
    unsigned int a = 6;
    int b = -20;
    (a + b > 6)? puts(">6"):puts("< = 6");//puts 为打印函数
}
```

2. 下面的代码有什么问题？为什么？

```c
void foo(void)
{
    char string[10],str1[10];
    int i;
    for(i = 0;i < 10;i ++ )
    {
        str1[i] = 'a';
    }
    strcpy(string, str1);
    printf(" % s",string);
}
```

3. 下面的代码，i 和 j 的值分别是什么？为什么？

```c
static int   j;
int   k = 0;
```

```
void fun1(void)
{
    static int i = 0;
    i ++ ;
}
void fun2(void)
{
    j = 0;
    j ++ ;
}
int main()
{
    for(k = 0; k<10; k ++ )
    {
     fun1();
     fun2();
    }
    return 0;
}
```

4. 下面代码里,假设在 32 位系统下,各 sizeof 计算的结果分别是多少?

```
int * p = NULL;
```

sizeof(p)的值是_____(1)
sizeof(* p)的值是_____(2)

```
int a[100];
```

sizeof (a)的值是_____(3)
sizeof(a[100])的值是_____(4)
sizeof(&a)的值是_____(5)
sizeof(&a[0])的值是_____(6)

```
int b[100];
void fun(int b[100])
{
    sizeof(b);
}
```

sizeof (b)的值是_____(7)

5. 下面代码的结果是多少?为什么?

```
int main()
{
```

```
signed char a[1000];
int i;
for(i = 0; i<1000; i++)
{
    a[i] = -1-i;
}
printf("%d",strlen(a));
return 0;
}
```

6. 下面的代码里,哪些内容可被改写,哪些不可被改写?

(1) const int * p;
(2) int const * p;
(3) int * const p;
(4) const int * const p;

7. 下面的两段代码有什么区别? 什么时候需要使用代码(2)?
代码(1):

```
int i = 10;
int j = i;
int k = i;
```

代码(2):

```
volatile int i = 10;
int j = i;
int k = i;
```

8. 在32位的 x86 系统下,输出的值为多少?

```
#include  <stdio.h>
int main()
{
    int a[5] = {1,2,3,4,5};
    int * ptr1 = (int *)(&a + 1);
    int * ptr2 = (int *)((int)a + 1);
    printf("%x,%x",ptr1[-1],*ptr2);
    return 0;
}
```

9. 0x01<<2+3 的值为多少? 为什么?

10. 定义一个函数宏,求 x 的平方。

11. 下面的两段代码有什么区别？

代码（1）：

```
struct TestStruct1
{
  char c1;
  short s;
  char c2;
  int i;
};
```

代码（2）：

```
struct TestStruct2
{
  char c1;
  char c2;
  short s;
  int i;
};
```

12. 写代码向内存 0x12ff7c 地址上存入一个整型数 0x100。

13. 下面代码的值是多少？

```
main()
{
    int a[5] = {1,2,3,4,5};
    int * ptr = (int * )(&a + 1);
    printf("%d,%d",*(a+1),*(ptr-1));
}
```

14. 假设 p 的值为 0x100000，如下表达式的值分别为多少？

```
struct Test
{
    int    Num;
    char  * pcName;
    short  sDate;
    char   cha[2];
    short  sBa[4];
} * p;
```

p + 0x1 = 0x_____?

(unsigned long)p + 0x1 = 0x_____?

(unsigned int *)p + 0x1 = 0x_____?

15. 下面代码输出的结果是多少？

```
#include <stdio.h>
int main(int argc,char * argv[])
{
    int a [3][2] = {(0,1),(2,3),(4,5)};
    int * p;
    p = a [0];
    printf(" % d",p[0]);
}
```

16. 下面的代码有什么问题？为什么？

```
void fun(char   a[10])
{
    char c = a[3];
}
int main()
{
    char b[10] =  "abcdefg";
    fun(b[10]);
    return 0;
}
```

17. 下面的代码有什么问题？为什么？

```
struct student
{
    char * name;
    int score;
}stu, * pstu;
int main()
{
    pstu = (struct student * )malloc(sizeof(struct student));
    strcpy(pstu->name,"Jimy");
    pstu->score = 99;
    free(pstu);
    return 0;
}
```

18. 下面的代码输出结果是多少？

```
void fun(int i)
{
    if (i>0)
```

```
    {
        fun(i/2);
    }
    printf(" % d\n",i);
}
int main()
{
    fun(10);
    return 0;
}
```

19. 下面的代码有什么问题？为什么？

```
char c;
c = getchar();
if(EOF == c)
{
    ...
}
```

20. 请写一个 C 函数，若当前系统是 Big_endian 的，则返回 0；若是 Little_endian 的，则返回 1。

C 语言基础测试题答案

下面是参考答案,建议从严格的角度来给自己评分,准确测试一下自己的基础。

1. 输出的值">6"。

a+b 这里做了隐式的转换,把 int 转化为 unsigned int。编译器就会把 b 当作一个很大的正数。

2. 运行到 strcpy 的时候可能会产生内存异常。

因为 str1 没有结束标志符,str1 数组后面继续存储的可能不是'\0',而是乱码。printf 函数,对于输出 char * 类型,顺序打印字符串中的字符直到遇到空字符('\0')或已打印了由精度指定的字符数为止。

3. i= 10,j = 1。

由于被 static 修饰的局部变量总是存在内存的静态区,所以即使这个函数运行结束,这个静态变量的值还是不会被销毁,函数下次使用时仍然能用到这个值。所以,i 的值只被初始化一次,而 j 是全局变量,每次调用函数都被初始化。

4. 除(3)的答案为 400 以外,别的答案都为 4。

5. 255。

按照负数补码的规则,可以知道 −1 的补码为 0xff,−2 的补码为 0xfe⋯⋯当 i 的值为 127 时,a[127]的值为 −128,而 −128 是 unsigned char 类型数据能表示的最小的负数。当 i 继续增加,a[128]的值肯定不能是 −129。因为这时候发生了溢出,−129 需要 9 位才能存储下来,而 char 类型数据只有 8 位,所以最高位被丢弃。剩下的 8 位是原来 9 位补码的低 8 位的值,即 0x7f。当 i 继续增加到 255 的时候,−256 的补码的低 8 位为 0。然后当 i 增加到 256 时,−257 的补码的低 8 位全为 1,即低 8 位的补码为 0xff,如此又开始一轮新的循环⋯⋯

按照上面的分析,a[0]～a[254]里面的值都不为 0,而 a[255]的值为 0。strlen 函数是计算字符串长度的,并不包含字符串最后的'\0',而判断一个字符串是否结束的标志就是看是否遇到'\0'。如果遇到'\0',则认为本字符串结束。

6. (1) const int * p;   //p可变,p指向的对象不可变

```
(2) int const * p;         //p 可变,p 指向的对象不可变
(3) int * const p;         //p 不可变,p 指向的对象可变
(4) const int * const p;   //指针 p 和 p 指向的对象都不可变
```

7. 代码(1):这时候编译器对代码进行优化,因为在代码(1)的两条语句中,i 没有被用作左值(没有被赋值)。这时候编译器认为 i 的值没有发生改变,所以在第 1 条语句时从内存中取出 i 的值赋给 j 之后,这个值并没有被丢掉,而是在第 2 条语句时继续用这个值给 k 赋值。编译器不会生成出汇编代码重新从内存里取 i 的值(不会编译生成装载内存的的汇编指令,比如 ARM 的 LDM 指令),这样提高了效率。但要注意:两条语句之间 i 没有被用作左值(没有被赋值)才行。

代码(2):volatile 关键字告诉编译器 i 是随时可能发生变化的,每次使用它的时候必须从内存中取出 i 的值,因而编译器生成的汇编代码会重新从 i 的地址处读取数据放在 k 中。

代码(2)的使用时机:如果 i 是一个寄存器变量、表示一个端口数据或者是多个线程的共享数据,那么就容易出错,所以说 volatile 可以保证对特殊地址的稳定访问。

8. 5,2000000。

9. 32。因为"+"号的优先级比移位运算符的优先级高。

10. #define SQR(x) ((x)*(x))
该语句有缺陷。传入++a 这样的内容则函数宏失效。指出缺陷者满分。

11. 代码(1)占 12 字节内存,代码(2)占 8 字节内存。

12. 两种答案:

```
(1) int * p = (int *)0x12ff7c;
    * p = 0x100;
(2) * (int *)0x12ff7c = 0x100;
```

13. 2,5。

14. 0x100014,0x100001,0x100004。

15. 1。因为逗号表达式。

16. 这里至少有两个严重的错误。

第一:b[10]并不存在,在编译的时候由于没有去实际地址取值,所以没有出错,但是在运行时,将计算 b[10]的实际地址,并且取值。这时候发生越界错误。

第二:编译器的警告已经告诉我们编译器需要的是一个 char * 类型的参

数,而传递过去的是一个 char 类型的参数,这时候 fun 函数会将传入的 char 类型的数据当作地址处理,同样会发生错误。

17. 为指针变量 pstu 分配了内存,但是没有给 name 指针分配内存。

18. 0
1
2
5
10

19. 按照 getchar 名字的意思,应该将变量 c 定义为 char 类型。但是很不幸,getchar 函数的返回值却是 int 类型,其原型为:

```
int getchar(void);
```

由于 c 是 char 类型的,所以取值范围是[−128,127]。如果宏 EOF 的值在 char 的取值范围之外,EOF 的值将无法全部保存到 c 内,会发生截断,将 EOF 值的低 8 位保存到 c 里,这样 if 语句有可能总是失败。这种潜在的危险,如果不是犯过一次错,恐怕很难发现。

20. 参考代码如下:

```
int checkSystem( )
{
    union check
    {
        int i;
        char ch;
    } c;
    c.i = 1;
    return (c.ch == 1);
}
```

后　记

写书不容易,写一本好书更不容易,写一本满足所有读者的好书更是几乎没有可能。

本书的初稿挂在 CSDN 网站之后,3 天内下载量冲到周排行榜第一名,2 个月单链接下载量达 4 000 以上,至于各个网站转载后的下载量更是无从统计了。目前,仅百度文库的下载量已实破 3 万次。从网友的反馈来看,绝大多数还是觉得本书非常不错,但仍然还是有极个别网友觉得本书满足不了他们的要求。比如有人提出,本书没有从汇编的角度来解剖 C 语言,是个遗憾。其实,我个人并非没有考虑过深入到汇编层次,但最终没有这么做,原因有以下几点。

第一,C 语言和汇编语言本来就是两种语言,既然本书的定位是讲解 C 语言,那就尽量在 C 语言的层次上解决问题。况且,很多人没学过或是对汇编语言不太懂,如果一下子就深入到汇编语言,可能会加大理解本书的难度,得不偿失。因为本书的一个显著特点就是深入浅出,将难以理解的问题通过各种方式来表达,从而降低学习的难度。

第二,从汇编语言的层次来解读 C 语言,这个事已经有人做了。姚新颜先生花了好几年时间写的《C 语言:标准与实现》,就是从汇编层面来解读 C 语言,已经给读者献上了一份厚礼。我深感学识水平远不如姚先生,所以未敢班门弄斧。

第三,相对于很多读者所学的 x86 汇编,我个人更熟悉 ARM 汇编一些。如果要从汇编的层面来写书,我可能没有太多时间学习 x86 汇编,而有可能以 ARM 汇编为基础,这样同样有可能增加读者的学习难度和降低读者学习 C 语言的兴趣。

第四,汇编语言目前的确用得很少了,哪怕是在嵌入式开发方面,绝大多数情况下用 C 语言也可以解决问题,偶尔会内嵌几句汇编代码,很少使用纯汇编写代码。我对汇编的看法是,要懂它,但不要花过多的精力。不懂汇编是不可能把 C 语言学得很精的,但如果花费过多的精力在汇编语言上,而又找不到用武之地,恐怕就有点"屠龙术"的嫌疑了。

鉴于这几点,再加上本人一向所强调的精炼的观点,所以,本书仅从 C 语言

本身的层面上来讲解 C 语言,而且,我敢保证,本书没有一句废话。

　　本书的初稿得到了很多网友的反馈,很多网友指出了初稿中的一些错误,也有很多网友在询问我本书何时能出版,更有些网友想来参加我的培训讲座或要求我给于面试机会,愿意跟我工作和学习。对于网友指出的错误,我都一一修正了,感谢你们。是你们,让我的作品更加完善;是你们,让我成长得更快。对于想参加我培训讲座或是想跟我一起工作或学习的网友,感谢你们的厚爱,但由于我个人的能力和精力都有限,可能暂时无法满足你们的要求,深感遗憾和愧疚。

陈正冲
2010 年 6 月

参考文献

[1] Brian W. Kernighan，Dennis M. Ritchie. C 程序设计语言（影印版）[M].
　　2 版. 北京：机械工业出版社，2004.

[2] Peter van der Linden. C 专家编程[M]. 徐波，译. 北京：人民邮电出版社，
　　2008.

[3] Andrew Koening. C 陷阱与缺陷[M]. 高巍，译. 北京：人民邮电出版社，
　　2008.

[4] Steve Maguire. 编程精粹：编写高质量 C 语言代码（影印版）[M]. 北京：人民
　　邮电出版社，2009.

[5] Steve McConnell. 代码大全（影印版）[M]. 2 版. 北京：电子工业出版社，
　　2006.

[6] 林锐. 高质量程序设计指南——C++/C 语言[M]. 北京：电子工业出版社，
　　2002.

[7] Stephen Prata. C Primer Plus [M]. 5th editon. USA：Sams Publishing，
　　2005.

[8] Kenneth A. Reek. C 和指针[M]. 徐波，译. 北京：人民邮电出版社，2008.

[9] Peter D. Hipson. Advanced C[M]. USA：Sams Publishing，1992.

[10] MISRA - C 2004：Guidelines for the Use of the C Language in Critical
　　Systems. www. misra - c. com. 2004.

[11] Derek M. Jones. The New C Standard：An Economic and Cultural Com-
　　mentary. 2009.

[12] Lockheed Martin Corporation. JOINT STRIKE FIGHTER AIR VEHI-
　　CLE C++ CODING STANDARDS. 2005.